요리나 베이킹에 자신 없어도
누구나 쉽게 만들 수 있는 떡 & 디저트 78가지

일러두기

· 재료는 계량컵과 계량스푼으로 계량했어요. 계량할 때는 재료를 소복이 담는 게 아니라 젓가락 등으로 표면을 평평하게 깎아내야 해요. 단, 앙금, 한천가루 등 더 정확한 계량이 필요한 재료는 그램으로 표기했어요.

1컵 = 200cc, **1큰술** = 15cc, **1작은술** = 5cc

· 이 책에 수록된 모든 레시피는 습식 쌀가루(멥쌀가루와 찹쌀가루)를 이용했어요.

· 멥쌀가루를 이용한 설기떡이나 떡 케이크처럼 무스링을 사용하는 떡은 무스링과 쌀가루가 맞닿는 면에 하얗게 가루가 날릴 수 있어요. 떡을 찌기 시작한 후 5분 정도 지나서 무스링을 빼고 남은 시간을 찌면 하얗게 가루가 날리지 않아요. 하지만 초보자의 경우 익숙하지 않아 무스링을 잘못 건드리면 떡에 금이 갈 수도 있으니 뜸을 들인 후에 무스링을 빼도 됩니다.

· 찹쌀가루로 만든 떡은 찌는 중간에 무스링을 빼면 떡이 늘어질 수 있으니 뜸을 들인 후에 무스링을 빼세요.

참 쉬운 떡 만들기

장여진 지음

중앙books

PROLOGUE

누가 해도 참 맛있는 떡 & 한식 디저트

떡을 만들기 시작한 지 이제 10년이 다 되어가네요. 우연한 기회에 떡 만들기 강좌를 들으면서 떡에 대한 호기심이 생겼었죠. 베이킹에 비해 간단한 조리도구와 간단한 재료로 떡집에서나 볼 수 있었던 떡을 직접 만든다는 재미에 순식간에 빠져들었어요. 그렇게 재미 삼아 만들던 떡을 블로그에 포스팅하면서 많은 분들이 관심을 보여주셔서 책도 출간하게 되었었지요. 그러고 나니 떡에 대해 더 욕심이 나서 본격적인 공부를 시작했습니다. 그리다 결혼을 하고, 아이를 낳고, 정신없이 바쁘게 살다 보니 잠시 손에서 떡을 놓았던 적도 있었어요.

그런데 아이가 크면서 자연스레 떡을 만들게 되더라고요. 아이 간식으로 빵이나 과자보다는 여러 가지 면에서 떡이 좋을 것 같았어요. 처음에는 아무것도 넣지 않은 백설기를 만들어 줬고, 조금 지나서는 콩설기를 해줬어요. 그러다 돌이 지나면서는 밤, 대추, 팥 등이 들어간 모둠설기를 해줬어요. 어찌나 잘 먹던지, 그때 그 기분이 아직도 잊히지 않아요. 아마 딸아이가 태어나서 처음 느낀 단맛은 모둠설기 위에 있는 밤과 대추였을 거예요. 그래서인지 신기하게도 아이가 대추와 밤을 좋아하고, 심지어 제일 좋아하는 간식 중의 하나가 대추랍니다.

그때부터 아이가 좋아하는 떡을 만드는 것이 저의 큰 기쁨이자 재미가 되었어요. "엄마, 이 떡 예뻐요~" "엄마, 이 떡 맛있어요." 하는 말이 어찌나 듣고 싶던지. 그래서 항상 조금 더 예쁘고, 조금 더 맛있게 만들기 위해 머리를 굴리며 갖은 애를 쓰게 된답니다. 아이가 좋아하게끔 예쁘고 맛있게 만드는 게 새로운 레시피를 개발하고, 떡을 만드는 저에겐 일종의 목표가 되었답니다.

언제나 내 편이 되어주는 남편, 그리고 사랑하는 나의 딸 서윤이, 토론토에서 나와 같은 길을 가는 동생 유진이, 책 작업하는 동안 윤이를 봐주신 친정 부모님과 시부모님께 감사 인사를 전합니다. 든든한 조력자가 되어준 친구들 희진맘 언니, 오후의 빵집-아키라, 노랑풍선, 스윗레지나, 아마미스튜디오, 부엌요정-민영, 세리, 미라에게 감사의 마음을 전합니다. 도움 주신 폴라앳홈(polaathome.co.kr), 라일라라라일라(store-farm.naver.com/lylalyla)에게도 감사드립니다. 그리고 저의 두 번째 책을 편집하느라 애쓴 윤은숙 에디터님에게도 감사합니다.

장여진

CONTENTS

{ 베이킹보다 쉬운 떡 만들기 }

{ 도구는 이렇게 준비하세요 }

도구를 적재적소에 잘 활용한다면 더 쉽고 편하게 맛있는 떡을 만들 수 있겠죠?
떡을 만들 때 필요한 도구를 활용 방법에 따라 소개하였으니 꼼꼼하게 살펴보고 준비하세요.

양을 잴 때 사용하는 도구

계량스푼과 계량컵
재료의 정확한 계량을 위해 꼭 필요한 도구예요. 재료를 수평으로 평평하게 담아서 계량해요. 1컵은 200cc, 1큰술은 15cc, 1작은술은 5cc입니다.

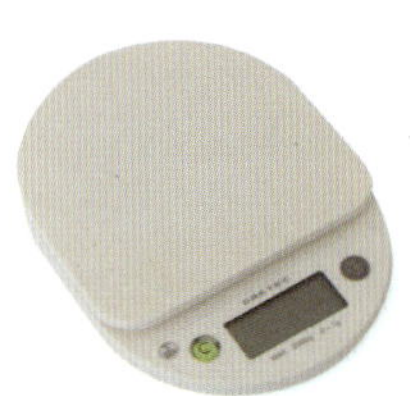

저울
디지털 저울과 아날로그 저울이 있어요. 아날로그 저울보다 디지털 저울이 더 정확하게 계량할 수 있어요.

떡을 반죽하고 찔 때 사용하는 도구

믹싱볼
쌀가루를 체에 내릴 때, 반죽할 때 그리고 각종 고물을 만들 때 사용해요. 크기별로 2~3개 정도 갖추고 있으면 편해요.

체
고운체, 중간체, 굵은체 3종류가 있어요. 이 중 고운체나 중간체는 쌀가루를 내릴 때 주로 쓰며, 촘촘한 망에 가루를 내릴수록 떡이 더 찰지고 쫄깃해요. 굵은체는 주로 팥고물이나 녹두고물 등 고물을 만들 때 사용해요. 굵은체랑 어레미는 거의 같은데, 어레미는 예전부터 사용해 오던 것으로 테두리가 나무로 되어 있다는 정도의 차이만 있어요.

어레미
각종 고물을 만들 때 사용해요. 체보다 망의 간격이 커서 고운 고물보다는 거피팥고물이나 녹두고물 등 입자가 굵직굵직한 고물을 만들 때 좋아요.

실리콘 매트

떡을 반죽하거나 치댈 때 사용해요. 실리콘 재질이라 떡 반죽이 매트에 눌어붙지 않아 작업하기 수월해요.

주걱

여러 가지 재료를 섞을 때 주로 사용해요. 나무 주걱보다 두께가 얇은 실리콘 재질의 주걱이 사용하기 편해요.

찜기

나무 재질의 찜기는 뚜껑에 구멍이 뚫려 있어 김이 잘 빠져나가서 떡을 만들기에 좋아요. 예전에는 질시루를 이용했지만 나무 찜기를 이용하면 더 쉽고 간편하게 떡을 찔 수 있어요. 찜기는 사이즈가 여러 가지인데 큰 사이즈(30㎝ 이상)를 구입하는 것이 좋아요. 찜기 사이즈가 작으면 여러 가지 모양의 틀을 넣어 찌기가 어려워요.

물솥

떡을 찌는 솥으로 나무 찜기를 위에 얹을 수 있어 편리해요. 보통 알루미늄 재질이라 물이 금방 끓어올라요. 떡을 찔 때 물은 중간까지만 넣어주세요. 물이 너무 적으면 떡이 익기 전에 물이 다 말라버릴 수가 있고, 물이 너무 많으면 김이 많이 올라서 떡 아랫면이 질척거리고 그로 인해 수분이 위까지 올라오지 않아 떡이 설익을 수 있어요.

시루밑

쌀가루를 찜기에 안칠 때 까는 도구예요. 예전에는 면보를 사용했지만 실리콘으로 만든 시루밑을 사용하면 세척과 보관이 편해요. 주로 멥쌀가루로 만드는 떡을 찔 때 사용해요.

면보

찜기에 까는 도구예요. 주로 찹쌀가루로 만드는 떡을 찔 때 사용해요.

타이머

떡을 찌는 시간과 뜸을 들이는 시간을 정확히 체크하기 위해 필요해요. 타이머로 시간을 맞춰두면 깜박 잊고 떡을 더 찌거나 덜 찌는 실수를 줄일 수 있어요.

모양을 낼 때 사용하는 도구

스크래퍼
무스링이나 각종 틀에 쌀가루 등을 안치고 윗면을 평평하게 만들 때도 사용하고 찰떡을 자를 때도 사용해요.

커터
고명이나 꽃 절편을 만들 때 사용해요.

마지팬
절편 꽃을 만들 때 입체감을 주거나 고명이나 꽃 절편을 떡이나 떡 케이크 위에 올릴 때 사용해요.

밀대
절편처럼 납작한 모양의 떡을 만들 때 반죽을 밀기도 하고, 떡을 찔을 때 방망이로도 사용해요. 떡이나 강정을 평평하고 납작하게 만들 때도 사용해요.

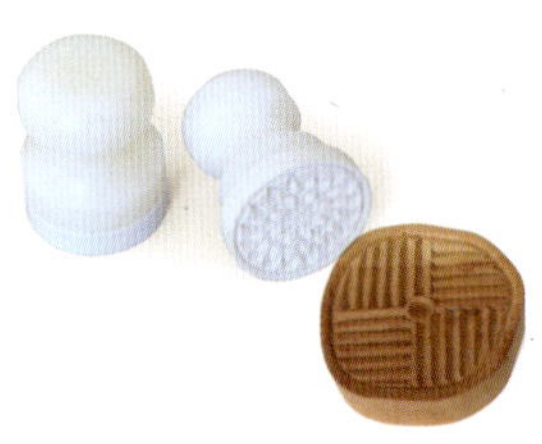

떡살
절편이나 꿀떡을 만들 때 무늬를 내는 도구로, 떡살 또는 떡도장이라고 해요. 나무와 플라스틱, 사기 등 재질에 따라 다양한 종류가 있어요.

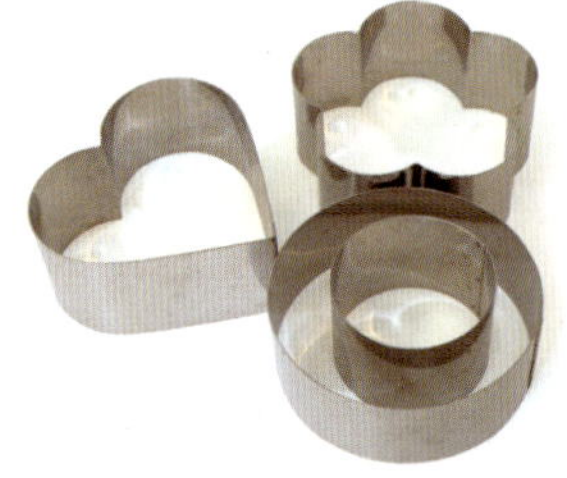

무스링
떡 케이크를 만들 때 모양을 잡아주는 틀이에요. 스테인리스 재질이기 때문에 열 전도율이 빨라서 떡 옆면이 하얗게 가루가 날리는 경우가 있는데, 떡을 찌는 중간에 무스링을 제거하면 하얗게 가루가 날리지 않아요. 무스링은 떡 케이크용 큰 사이즈와 컵 케이크용 미니 사이즈가 있어요.

구름떡틀
구름떡이나 찰떡을 만들 때 모양을 잡아주는 틀이에요.

증편틀
증편을 만들 때 모양을 잡아주는 틀이에요.

타르트틀
베이킹 도구로, 오븐찹쌀파이나 단호박찹쌀타르트 등 찰떡을 오븐에 구을 때 주로 사용해요.

바람떡틀
바람떡을 만들 때 찍는 도구예요. 앙금을 덮은 반죽과 바람떡틀이 ½~⅔ 정도 겹치게 놓고 찍어줘요.

강정틀
강정을 만들 때 사용하는 틀로, 이 틀에 강정을 넣고 밀대로 밀면 일정한 두께로 만들 수 있어 편리해요.

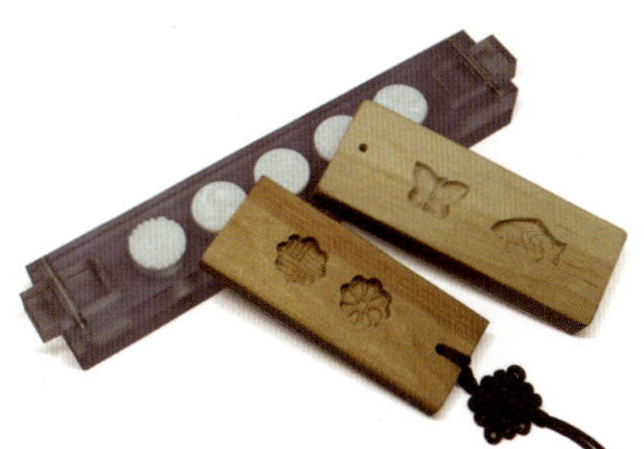
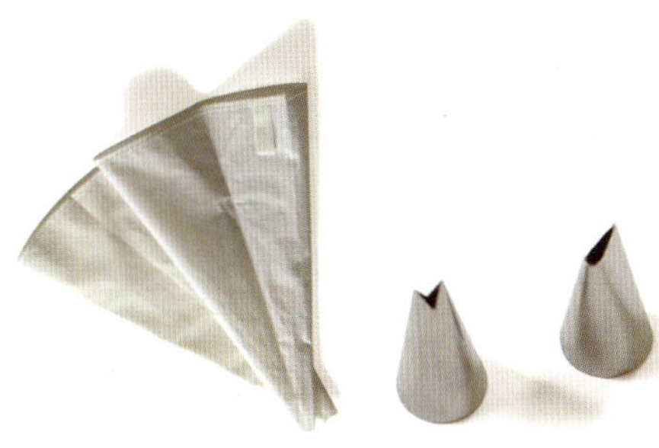

다식판
다식을 만들 때 모양을 내는 도구예요. 다식판에 반죽을 넣기 전에 기름을 발라주면 다식을 꺼낼 때 깔끔해요.

앙금플라워용 도구 – 짤주머니, 깍지
앙금플라워를 할 때 짤주머니에 원하는 모양의 깍지를 끼운 다음 앙금을 넣고 짜서 꽃잎 등을 만들어요.

{ 재료는 이렇게 준비하세요 }

재료만 잘 준비해도 벌써 떡 만들기에 반은 성공했다고 말할 수 있어요.
지금부터 떡을 만들 때는 어떤 재료가 필요한지 소개하고, 각각의 재료를 준비하는 과정을 차근차근 알려드릴게요.

쌀가루 만들기

떡을 만드는 가장 기본 재료인 쌀가루. 쌀의 종류에 따라 멥쌀가루와 찹쌀가루로 구분할 수 있어요. 멥쌀가루는 백설기, 송편, 떡 케이크를 만들 때, 찹쌀가루는 찰떡, 찹쌀떡 등을 만들 때 사용해요. 준비하는 과정은 같아요.

또 습식과 건식 쌀가루로 구분하기도 하는데 떡을 만들 때는 습식 쌀가루를 사용해요. 물에 불려 빻은 습식 쌀가루(멥쌀가루와 찹쌀가루)와 물에 불리지 않고 바로 빻은 건식 쌀가루가 있어요. 습식 쌀가루는 수분을 함유하고 있어 상온에서는 쉽게 쉴 수 있으므로 꼭 냉동 보관 하세요. 건식 쌀가루는 물에 불리지 않고 바로 빻았기 때문에 상온에 보관해도 된답니다.

방앗간에서 쌀을 빻을 때는 "소금간은 하고 물은 내리지 말아주세요."라고 주문하세요. 떡을 만들 때마다 매번 소금을 넣어 간을 하는 것보다 쌀가루를 빻을 때 미리 소금을 섞어 함께 빻으면 쌀가루에 소금이 고루 섞여 더 좋아요. 만약 쌀을 빻을 때 소금간을 하지 않았다면 불리지 않은 쌀 5컵당 소금 1큰술 또는 쌀가루 12컵당 소금 1큰술의 비율로 간을 하세요. '물을 내린다.'는 말은 떡을 만들 때 '쌀가루에 수분을 준다.'라는 의미예요. 쌀을 빻을 때 물을 내리면 물기가 있는 다른 재료(단호박퓌레, 우유 등)를 넣었을 때 쌀가루에 수분이 너무 많아지므로 좋지 않아요.

TIP　떡은 밀가루와 버터를 주재료로 사용하는 빵과 달리 쌀가루와 각종 곡물, 견과류를 주재료로 사용하여 우리 몸에 좋아요. 이런 장점에도 불구하고 쉽게 떡 만들기에 도전할 수 없는 이유로 많은 분들이 쌀가루 준비가 힘들다는 점을 꼽아요. 하지만 요즘에는 떡 재료 전문 숍도 문을 많이 열었고 그곳에서 다양한 종류의 쌀가루를 판매하고 있으니, 예전처럼 직접 방앗간에서 빻아 쓰는 수고로움을 덜 수 있어요. 또 요즘은 떡 만드는 사람들이 많아져 방앗간에서 습식 쌀가루를 팔기도 해요.

〈쌀가루 만들기〉

멥쌀가루와 찹쌀가루는 재료만 다르고 만드는 방법은 같아요.

쌀가루 12컵 **쌀** 5컵

1 쌀은 2~3회 씻어 먼지와 잔류 농약 등을 제거해요.

2 깨끗이 씻은 쌀에 넉넉하게 물을 붓고 여름에는 5~6시간, 겨울에는 6~8시간 정도 상온에서 불려요.

3 잘 불린 쌀은 처음보다 약 1.3배(멥쌀은 1.2~1.3배, 찹쌀은 1.3~1.4배) 정도 부피가 늘어나며 손으로 으깼을 때 부드럽게 잘 으깨져요.

4 불린 쌀은 체에 밭쳐 30분 정도 물기를 빼요.

5 쌀을 집에서 빻기는 힘들기 때문에 물기를 뺀 쌀은 방앗간에서 빻아요. 이때 "소금간은 하고 물은 내리지 말아주세요." 라고 하세요. 보통 불린 쌀 1kg당 소금 12g을 넣어요.

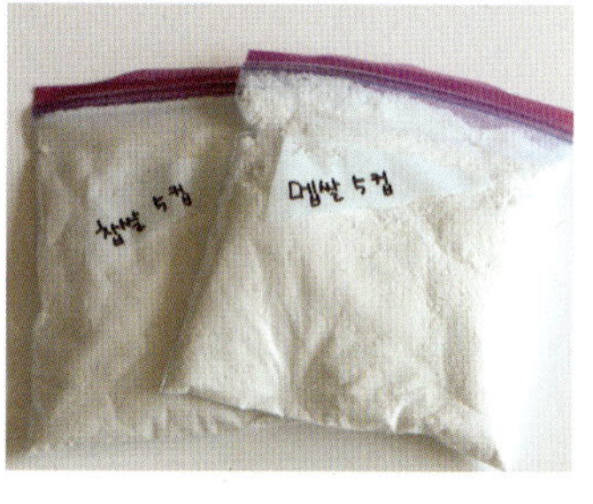

6 쌀가루는 한 번 사용할 분량만큼 지퍼팩에 나눠 담고 멥쌀가루 혹은 찹쌀가루인지와 분량을 표시해 꼭 냉동 보관해요.

흑미가루와 찰흑미가루는 재료만 다르고 만드는 방법은 같아요. 흑미는 방앗간에 가져가도 잘 빻아주지 않아요. 롤러로 쌀을 빻는데 흑미를 빻고 나면 다음에 흰색 쌀가루를 빻을 때 흑미의 색이 그대로 묻어 나오기 때문이죠. 떡을 만들 때 흑미를 많이 사용하는 것은 아니니, 필요할 때는 믹서에 갈아서 사용하세요.

흑미가루 6컵 **흑미** 2.5컵, **소금** ½큰술

1 쌀은 물에 2~3회 씻어 먼지와 잔류 농약 등을 제거해요.

2 깨끗이 씻은 쌀에 넉넉하게 물을 붓고 여름에는 5~6시간, 겨울에는 6~8시간 정도 불려요.

3 잘 불린 쌀은 1.3배 정도 부피가 늘어나며 손으로 으깼을 때 부드럽게 잘 으깨져요.

4 불린 쌀은 체에 밭쳐 30분 정도 물기를 빼요.

5 소금간을 하고 믹서에 갈아요. 잘 갈리지 않으면 냉동실에서 살짝 얼린 다음 갈면 잘 갈려요. 믹서에 간 쌀가루는 고운 체에 내려 입자가 큰 쌀가루를 걸러내요.

6 흑미가루는 멥쌀이나 찹쌀가루의 10~20% 정도만 사용하므로 1컵 정도씩 지퍼팩에 나눠 담고 냉동 보관해요.

⟨찰수수가루 만들기⟩

수수부꾸미와 수수팥경단 등을 만들 때 사용해요. 수수가루와 찰수수가루는 재료만 다르고 만드는 방법은 같아요.

찰수수가루 2컵 **찰수수** 1컵, **소금** 약간

1 수수는 물에 2~3회 씻어 넉넉하게 물을 붓고 7~8시간 정도 불려요.

2 불린 수수는 체에 밭쳐 30분 정도 물기를 빼요.

3 소금간을 하고 믹서에 갈아요. 잘 갈리지 않으면 냉동실에서 살짝 얼린 다음 갈면 잘 갈려요.

4 믹서에 간 수수가루는 고운체에 내려 입자가 큰 수수가루를 걸러내요.

5 곱게 내린 수수가루는 1컵 정도씩 지퍼팩에 나눠 담고 냉동 보관해요.

고물 준비하기

고물은 떡에 묻히는 가루를 말해요. 주로 콩, 팥, 녹두, 참깨 등으로 만들어요. 고물은 떡의 모양을 돋보이게 하고, 맛과 영양면에서도 떡을 한층 업그레이드시켜준답니다. 주로 인절미나 경단, 시루떡 등에 뿌려요.

〈녹두고물 만들기〉

녹두고물 10컵 **녹두** 3컵(약 500g), **소금** ½큰술

1 녹두는 깨끗이 씻어 3~5시간 정도 물에 담가 불려요. 녹두는 손으로 문질러 껍질을 벗겨요.

2 체를 놓고 녹두 껍질만 흘려 보내요. 깨끗해질 때까지 반복해요.

3 찜기에 젖은 면보를 깔고 40~50분간 쪄요. 오랜 시간 쪄야 하므로 물솥에 물을 넉넉히 넣어요. 손으로 녹두를 만졌을 때 잘 으깨지면 다 익은 거예요.

4 큰 볼에 익은 녹두를 쏟고 소금을 넣어 빻아요.

5 어레미 혹은 굵은체에 내려 고운 고물을 만들어요. 녹두가 뜨거울 때 해야 체에 잘 내려가요. 한 김 식힌 다음 한 번 사용할 분량씩 지퍼팩에 나눠 담고 냉동 보관해요.

TIP

녹두는 껍질을 벗기는 게 힘들고 시간이 오래 걸리니 껍질이 벗겨진 깐 녹두를 구입하는 것이 좋아요.

〈팥고물 만들기〉

팥고물 9컵　**팥** 3컵(약 500g), **소금** 2작은술

1　팥은 깨끗이 씻어 조리질해요.

2　냄비에 팥과 물을 넉넉히 붓고 삶아요.

3　물이 끓어오르고 2~3분 정도 지난 후에 삶은 물을 버려요. 팥에는 사포닌 성분이 있어 떫은맛이 나므로 물을 버리고 다시 부어줘야 해요.

4　팥에 3~5배 정도의 물을 붓고 중불에서 30~40분 정도 삶아요.

5　손으로 팥알을 만졌을 때 잘 으깨지면 팥이 잘 익은 것이니 불을 줄인 후 5분 정도 뜸을 들여요.

6　한 김 식힌 팥에 소금을 넣고 방망이로 찧어 고물을 만들어요. 이때 대강 찧어야 고물 모양이 예뻐요.

7　바로 지퍼팩에 넣어 보관하면 수분이 생길 수 있으므로 넓은 쟁반에 펼쳐 놓고 식힌 다음 한 번 사용할 분량씩 지퍼팩에 나눠 담아 냉동 보관해요.

TIP

팥이 충분히 익었는데 물이 남은 경우는 센불에서 얼른 볶아 수분을 날려주세요. 만약 팥이 익지 않았는데 물이 없으면 물을 조금 넣은 후 약불에서 뜸을 오래 들여요.

〈거피팥고물 만들기〉

거피팥고물 10컵　**거피팥** 3컵(약 500g), **소금** ½큰술

1 거피팥은 깨끗이 씻어 3~4시간 이상 물에 불려요.

2 불린 거피팥은 손으로 비벼 껍질을 벗겨요. 이때 거피팥을 불려둔 물을 사용해요. 물에 녹말 성분이 녹아 있어 껍질이 더 잘 벗겨져요.

3 체를 놓고 물에 담가둔 거피팥 껍질만 흘려보내요. 깨끗해질 때까지 반복해요.

4 찜기에 젖은 면보를 깔고 거피팥을 안치고 40~50분간 쪄요. 오랜 시간 쪄야 하므로 물솥에 물을 넉넉히 넣어요. 손으로 팥을 만졌을 때 잘 으깨지면 다 익은 거예요.

5 큰 볼에 익은 거피팥을 쏟고 소금을 넣어 빻아요.

6 어레미 혹은 굵은체에 내려 고운 고물을 만들어요. 팥이 뜨거울 때 해야 체에 잘 내려가요. 한 김 식힌 다음 한 번 사용할 분량씩 지퍼팩에 나눠 담고 냉동 보관해요.

TIP　거피팥은 될 수 있으면 밝은 색을 구입하세요. 어두운 색은 오래 묵은 것일 수도 있어요. 오래 묵은 거피팥은 쪄도 익지 않고 딱딱할 수 있어요.

〈검은깨고물 만들기〉

 검은깨 3컵, **소금** 약간

1 깨는 깨끗이 비벼 씻어 조리질을 해요. 체에 밭쳐 물기를 빼요.

2 기름을 두르지 않은 팬에 깨알이 통통 튈 때까지 볶아요. 깨알을 문질렀을 때 터져서 가루가 되면 다 익은 거예요.

3 볶은 깨에 소금을 약간 넣고 믹서에 갈거나 곱게 빻아요. 이때 너무 오래 갈면 깨에서 기름이 나와서 안 되고, 깨가 갈아지는 상태를 확인하면서 순간 동작으로 갈아야 해요.

4 믹서에 간 깨는 체에 한 번 내려 지퍼팩에 담아 냉동 보관해요.

TIP 요즘은 검은깨고물도 많이 팔아요. 사서 써도 되고, 볶은 깨를 구입해 1~2번 과정은 생략하고 만들어도 좋아요.

⟨대추고 만들기⟩

 대추 3컵(200g), **물** 대추가 충분히 잠길 정도

1 대추는 꼭지를 따고 깨끗이 씻어 칼집(혹은 가위집)을 내요. 칼집을 내야 잘 무르고 으깨기 편해요.

2 냄비에 대추와 대추가 잠길 정도로 물을 부어요.

3 약불에서 대추가 물러질 때까지 뭉근히 끓여요.

4 대추가 물러지면 체에 밭쳐 내려요.

5 체에 거른 대추고의 수분이 많으면 살짝 끓여 수분을 날려요.

TIP 대추고는 약식을 하거나 약편을 만들 때 사용해요. 대추고를 미리 만들어 냉동실에 얼려두면 필요할 때마다 간편하게 사용할 수 있어요.

〈캐러멜시럽 만들기〉

약식, 잡과병, 석탄병 등을 만들 때 넣는 캐러멜시럽이에요. 시판되는 제품이 있지만 직접 만들면 훨씬 맛있어요. 사용하고 남은 시럽은 유리병에 담아 보관하세요.

캐러멜시럽 약 1컵　　**설탕** 5큰술, **물** 3큰술, **끓는 물** 2큰술, **물엿** 1큰술

1 냄비에 설탕과 물을 넣고 중약불에서 젓지 말고 끓여요.

2 설탕이 가장자리부터 타기 시작해서 전체적으로 갈색이 되면 불을 꺼요.

3 2의 냄비에 끓는 물과 물엿을 넣고 잘 섞어요. 물을 넣으면 연기가 나고 시럽이 바글바글 끓어오르면서 튈 수 있으니 조심하세요.

고명 준비하기

고명은 떡 위에 얹거나 뿌리는 재료들을 통틀어 이르는 말이에요. 대추, 밤, 호두, 은행, 잣 등을 주로 사용하고, 같은 재료라도 통째로 쓰거나, 잘게 잘라 쓰거나, 돌돌 말아 쓰는 등 활용법이 다양하답니다.

호박씨, 해바라기씨

고소한 맛을 내는 호박씨, 해바라기씨는 모양을 살려 꽃이나 잎을 표현할 수 있어요. 보기 좋은 떡이 먹기도 좋다고 떡 케이크 윗면에 장식하면 더욱 고소한 맛을 느낄 수 있고 보기에도 좋아요.

대추채

대추를 돌려깎기해 씨를 제거하고 가늘게 채썰어 사용해요. 돌려깎을 때는 대추 껍질만 얇게 벗겨서 채썰어야 고와요.

대추말이꽃

대추채와 마찬가지로 돌려깎아 씨를 제거하고 대추살을 돌돌 말아 얇게 썰면 단면이 동그란 꽃 모양이 돼요. 호박씨와 함께 꽃으로 만들어 장식하기 좋아요.

잣

잣의 꼭지 부분 고깔을 떼고 그대로 사용하거나 비늘잣(반 가른 잣)을 만들어 사용해요. 꽃 모양을 만들 때 꽃잎으로 사용할 수도 있어요.

밤

밤은 껍질을 벗겨 얇게 썰어 그대로 사용하거나 가늘게 채썰어 사용해요. 껍질을 벗긴 후에는 색이 변하기 쉬우므로 설탕을 약간 뿌려 갈변을 방지하세요.

아몬드, 호두

아몬드는 그대로 사용하기도 하고 얇게 슬라이스해서 사용해요. 떡 케이크를 만들 때 장식용으로 많이 이용해요. 호두는 속껍질이 떫기 때문에 속껍질을 제거하고 사용하는 게 좋아요.

색 내기 재료 준비하기

떡의 색을 내기 위해 사용하는 재료는 대부분 천연 재료로 떡에 넣었을 때 빛깔이 곱고 은은해요. 다양한 재료를 활용해서 원하는 색을 만들고 예쁜 떡을 만들어 보세요.

〈붉은빛을 내는 재료〉

딸기향가루
시중에 판매하는 딸기가루, 딸기주스가루를 사용할 수도 있지만 우유에 타 먹는 딸기맛 제티, 네스퀵 딸기맛을 사용하면 더 간편해요.

동결건조 딸기가루
동결건조 딸기가루는 수분과 닿으면 찐득해지기 때문에 쌀가루와 섞을 때 재빨리 섞는 것이 좋아요.

백년초가루
선인장의 열매로 만든 백년초가루는 열에 약해 떡이 익기 전에 사용하면 색이 변해요. 절편이나 바람떡 등을 만들 때 쪄낸 떡반죽에 첨가하세요.

비트가루
비트가루는 열에 약해 쌀가루에 넣어 찌면 색이 주황빛으로 변해요. 절편이나 바람떡 등을 만들 때 쪄낸 떡반죽에 첨가하세요.

〈보랏빛을 내는 재료〉

자색고구마가루
자색고구마가루는 열에 약하므로 다른 가루에 비해 조금 더 넣어야 원하는 색을 낼 수 있어요. 고구마를 쪄서 퓌레를 만들어 사용하면 적은 양으로도 예쁜 보라색을 낼 수 있어요.

복분자, 오디
복분자나 오디는 믹서에 간 다음 면보에 씨를 걸러 사용해요. 대신 복분자청이나 복분자엑기스 등을 이용할 수도 있어요.

블루베리가루
인터넷몰에서 쉽게 구입할 수 있어요.

흑미가루
깨끗이 씻은 흑미를 물에 불려요. 체에 밭쳐 물기를 빼고 믹서에 갈아 사용해요. 흑미가루를 흰색 쌀가루와 섞지 않고 흑미가루만 사용하면 검은색이 되니 주의하세요.

〈노란빛을 내는 재료〉

단호박

단호박은 껍질을 벗기고 씨를 제거하여 찜통에 쪄서 사용해요. 번거로울 때는 시중에서 판매하는 단호박가루를 이용하면 간편하게 노란빛의 떡을 만들 수 있어요. 치자에 비해 어두운 노란빛을 띠며 무지개떡을 만들 때 사용하기 알맞아요.

치자

단호박가루에 비해 밝은 노란빛을 띠며 깨끗이 씻어 반을 잘라 따뜻한 물에 담가 우려서 사용해요. 보통 물 1컵에 치자 3~5개 정도를 우려내면 적당해요.

〈초록빛을 내는 재료〉

쑥가루

봄철에 나는 쑥을 깨끗이 손질하여 삶은 후 냉동시켜 두면 사계절 내내 편리하게 사용할 수 있어요. 시중에서 파는 쑥가루를 이용해도 좋아요.

녹차가루

녹차가루 중에서도 어린잎으로 만든 마차가루로 떡을 만들면 색이 더 곱답니다.

시금치가루

만들기가 어려우니 시중에서 파는 시금치가루를 이용해요.

청태콩가루

청태 혹은 청대콩이라고도 불리는 청태콩을 갈아 만든 가루예요. 떡 재료 쇼핑몰에서 구할 수 있으며 열을 가해도 변하지 않고 예쁜 색이 난답니다. 인절미나 다식을 만들 때 주로 사용해요.

〈검은빛을 내는 재료〉

검은깨가루

검은깨를 깨끗이 씻어 팬에 볶아 믹서에 갈아 사용해요. 찜기에 찌면 기름기가 제거되어 좋아요.

〈갈색빛을 내는 재료〉

코코아가루

초콜릿색을 낼 때 사용해요. 쌀가루에 섞어 쓰기도 하고, 떡 케이크 윗면에 장식할 때 사용해요.

{ 떡 만들기 노하우 }

요리를 하다 보면 작은 노하우 하나가 음식의 맛이나 모양을 크게 좌우한다는 사실을 알게 돼요.
그동안 많은 분들이 물어 오셨던 질문들을 토대로 해서 알아 두면 도움이 되는 노하우를 알려 드릴게요.

쌀가루에 넣는 물의 양은 이렇게 조절해요

초보자들에게 떡 만들기가 어렵게 느껴지는 이유는 떡의 종류에 따라 쌀가루에 넣는 물의 양이 다르기 때문이에요. 보통 백설기, 무지개떡, 떡 케이크 등의 설기떡은 쌀가루 1컵당 물 1큰술, 절편은 쌀가루 1컵당 물 2큰술, 찰떡은 쌀가루 3컵당 물 2큰술을 넣는 것이 기준이에요. 하지만 단호박가루나 코코아가루처럼 색을 내는 건조한 가루를 섞어서 반죽할 때는 물을 조금 더 추가해야 해요.

쌀가루의 수분 상태는 이렇게 체크해요

떡을 만들 때 가장 중요한 과정은 쌀가루에 물이나 다른 액체 재료로 적절한 물기가 스며들게 하는 거예요. 쌀가루에 수분이 부족할 경우 떡이 설익고 퍽퍽해 맛이 없고, 또 수분이 너무 많으면 질어지거든요. 쌀가루에 물이나 액체 재료를 넣고 고루 섞이도록 잘 비빈 후 쌀가루를 한 줌 쥐어 보세요. 쌀가루 한 줌을 손에 쥐었다 폈을 때 쌀가루가 뭉쳐 있고, 뭉쳐진 쌀가루를 위로 3번 정도 던져 올렸을 때 쌀가루가 부서지면 수분이 알맞게 스며든 상태랍니다.

쌀가루는 냉동실에 보관해요

쌀가루는 상온에서 보관하면 쉽게 변질될 수 있어요, 쌀가루는 빻아서 한 번에 쓸 양만큼 나누어 지퍼팩이나 밀폐용기에 넣어 냉동 보관하세요. 냉동 보관한 쌀가루는 30분 ~1시간 정도 자연 해동해 찬기가 가시면 사용하세요.

멥쌀가루와 찹쌀가루는 이렇게 구분해요

멥쌀과 찹쌀은 빻기 전에는 눈으로 구분이 가능하지만 가루 상태에서
는 쉽게 구분할 수가 없어요. 쌀가루를 보관할 때는 꼭 멥쌀가루인지
찹쌀가루인지 적어두는 것이 좋아요. 표기하는 것을 깜빡했다면, 흔히
'빨간약'이라고 부르는 소독약을 이용해 구분할 수 있어요. 가루에 빨간
약을 한 방울 떨어뜨렸을 때, 멥쌀가루는 푸른빛을 띠는 검은색으로 변
하고, 찹쌀가루는 소독약 색인 적갈색 그대로 색의 변화가 없어요.

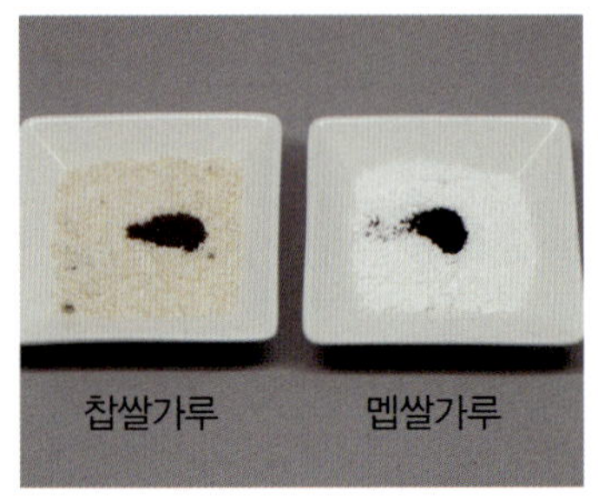

떡을 찔 때는 이런 점에 주의해요

떡을 찔 때는 미리 물솥에 물을 끓여 김이 충분히 오르게 하세요. 김이
충분히 오르지 않은 찜기에 떡을 찌면 공기가 빠져 나가 떡의 쫄깃한
맛이 줄어들어요. 또한 떡을 찌는 동안에도 김이 새지 않도록 주의하세
요. 요즘은 알루미늄 물솥과 나무 찜기의 크기가 딱 맞아서 김이 샐 일
이 거의 없지만 혹시라도 크기가 맞지 않는다면 찜기와 물솥이 맞닿는
면에 젖은 행주나 키친타월을 둘러줘요.

떡 케이크 옆면에 쌀가루가 날리지 않게 해요

떡 케이크(멥쌀가루를 이용한 설기떡)를 만들 때는 스테인리스 재질의 무
스링을 주로 사용해요. 무스링과 쌀가루가 맞닿는 면은 쌀가루가 속보
다 먼저 익기 때문에 말라서 가루가 날리게 돼요. 떡 케이크는 보통 20
분 찌는데 떡을 찌기 시작해서 5~6분 정도 지나면 떡의 형태가 변형되
지 않을 정도로 겉이 익어요. 이때 무스링을 조심스럽게 위로 빼내고
남은 시간을 더 찌면 옆면의 쌀가루가 날리는 것을 방지할 수 있어요.
무스링을 뺄 때는 화상을 입을 수 있으니 꼭 장갑을 착용하세요.

떡은 이렇게 보관해요

떡은 주로 천연 재료를 사용해 만들기 때문에 쉽게 변질될 우려가 있어요. 떡 케이크를 만들어 선물할 때는 종이로 만든 상자보다는 플라스틱으로 만든 상자를 사용하세요. 종이상자보다 공기와 접촉을 덜해서 떡이 마르는 것을 방지할 수 있답니다. 찹쌀가루로 만드는 찰떡은 끈적끈적하게 손에 붙기 때문에 만든 즉시 먹기 좋은 크기로 잘라 하나씩 비닐로 포장해 놓는 것이 좋아요. 설기떡 역시 한 번 먹을 분량으로 나눠 낱개 포장하세요.

떡을 더 맛있게 먹으려면

떡은 절대로 냉장 보관하지 마세요. 김밥을 만들어서 냉장 보관하면 밥알이 꼬들꼬들 마르는 것처럼 떡도 그렇게 돼요. 멥쌀가루로 만드는 떡은 하루 이내에 드시는 것이 제일 좋고, 남은 떡은 냉동 보관했다가 살짝 쪄서 먹는 것이 좋아요. 찹쌀가루로 만드는 떡은 냉동 보관했다가 2~3시간 전에 꺼내서 자연 해동시키면 맛있게 먹을 수 있어요. 찰떡은 다시 찌면 늘어지기 때문에 자연 해동하는 것이 제일 좋아요.

재료는 분량보다 비율이 중요해요!

무스링을 이용할 때 얼마큼의 쌀가루를 준비해야 할지 몰라 조금 난감하시죠? 많이 사용하는 무스링의 쌀가루 분량을 알려드려요. 쌀가루 1컵당 물 1큰술, 설탕 1큰술을 넣고 반죽하세요.

무스링 종류	호수	지름(㎝)	높이(㎝)	쌀가루 분량
원형 무스링	1	15	5	4.4컵
			6	5.3컵
			7	6.2컵
	2	18	5	6.4컵
			6	7.6컵
			7	9컵
	3	21	5	8.7컵
			6	10.4컵
			7	12.1컵
사각 무스링	1	15	5	5.6컵
			6	6.8컵
			7	7.9컵
	2	18	5	8.1컵
			6	9.7컵
			7	11.4컵
	3	21	5	11컵
			6	13.2컵
			7	15.4컵

Part 1

누구나
쉽게 만드는
Easy
떡

백설기
절편
인절미
검은콩설기
단호박설기
바람떡
옥춘떡
쑥갠떡
꽃송편
검은깨찰떡말이
꽃인절미
유자단자
삼색경단

백설기

Baekseolgi

떡을 처음 만든다면 백설기나 절편 같은
기본 떡을 먼저 만들어 보세요.
기본기를 익혀두면
얼마든지 응용이 가능합니다.
이 책에 소개된 과정대로 꼼꼼히 읽고 따라 하면
누구나 쉽게 떡을 만들 수 있답니다.

 멥쌀가루 5컵, **물** 5큰술, **설탕** 5큰술, **장식용 잣**, **호박씨**, **대추** 등 약간씩

1 쌀가루에 물을 넣어요.

2 쌀가루를 손으로 비벼 수분이 쌀가루에 고루 퍼지도록 해요.

3 쌀가루를 한 줌 쥐었을 때 형태가 그대로 유지되고, 위로 3~4번 던졌을 때 부서지면 수분 상태가 적당한 거예요.

4 쌀가루는 체에 두 번 내려요.

5 체에 내린 쌀가루에 설탕을 넣고 고루 섞어요.

6 찜기에 시루밑을 깔고 무스링을 넣어요.

7 무스링에 5의 쌀가루를 안쳐요.

8 쌀가루의 윗면은 스크래퍼로 평평하게 정리해요.

9 쌀가루 위에 잣, 호박씨, 대추 등으로 장식해요. 장식용 재료는 익히기 전에 올려야 익힌 후에도 떡에 붙어 있어요.

10 김이 오른 물솥에 찜기를 올려 센불에서 20분간 찌고, 불을 끄고(혹은 약불) 5분간 뜸 들여요.

11 떡은 익으면 높이가 낮아져요. 찌기 전보다 떡의 높이가 낮아졌으면 잘 익은 거예요.

12 무스링이 엄청 뜨거우니 고무장갑을 끼고 무스링을 빼요. 이때 무스링을 수직으로 살살 들어 올려야 떡이 찌그러지지 않아요.

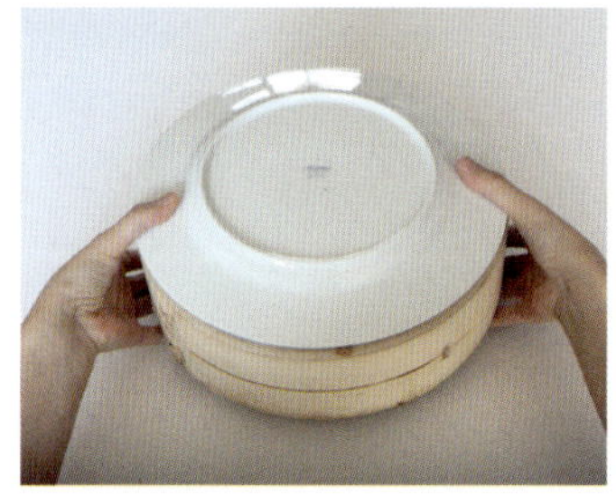

13 떡을 뺄 때에는 찜기 위에 찜기보다 큰 접시를 덮고 양손으로 접시와 찜기를 잡아 자신의 가슴쪽으로 돌려 뒤집어요.

14 찜기를 빼고 시루밑을 조심스럽게 위로 들어 올려요.

15 뒤집어진 떡 위에 다른 접시를 덮고 다시 한 번 뒤집어요.

TIP
- 보통 설기떡을 만들 때는 쌀가루 1컵 : 물 1큰술 : 설탕 1큰술이 기준이에요. 하지만 쌀가루는 얼마나 불렸는지, 냉동실에서 얼마나 보관되었는지에 따라서 물의 양을 1~2큰술을 더하기도 하고 빼기도 해요.
- 떡은 익으면 높이가 낮아져요. 찌기 전보다 떡의 높이가 낮아졌으면 잘 익은 거예요. 좀 더 정확하게 확인하기 위해서는 꼬치로 찔러 쌀가루가 묻어나오지 않으면 잘 된 거예요. 하지만 떡에 구멍이 생겨 보기 안 좋아요.

절편

Jeolpyeon

25~30개 **멥쌀가루** 5컵, **물** 10큰술, **백년초가루** ½작은술, **참기름 · 식용유** 약간씩

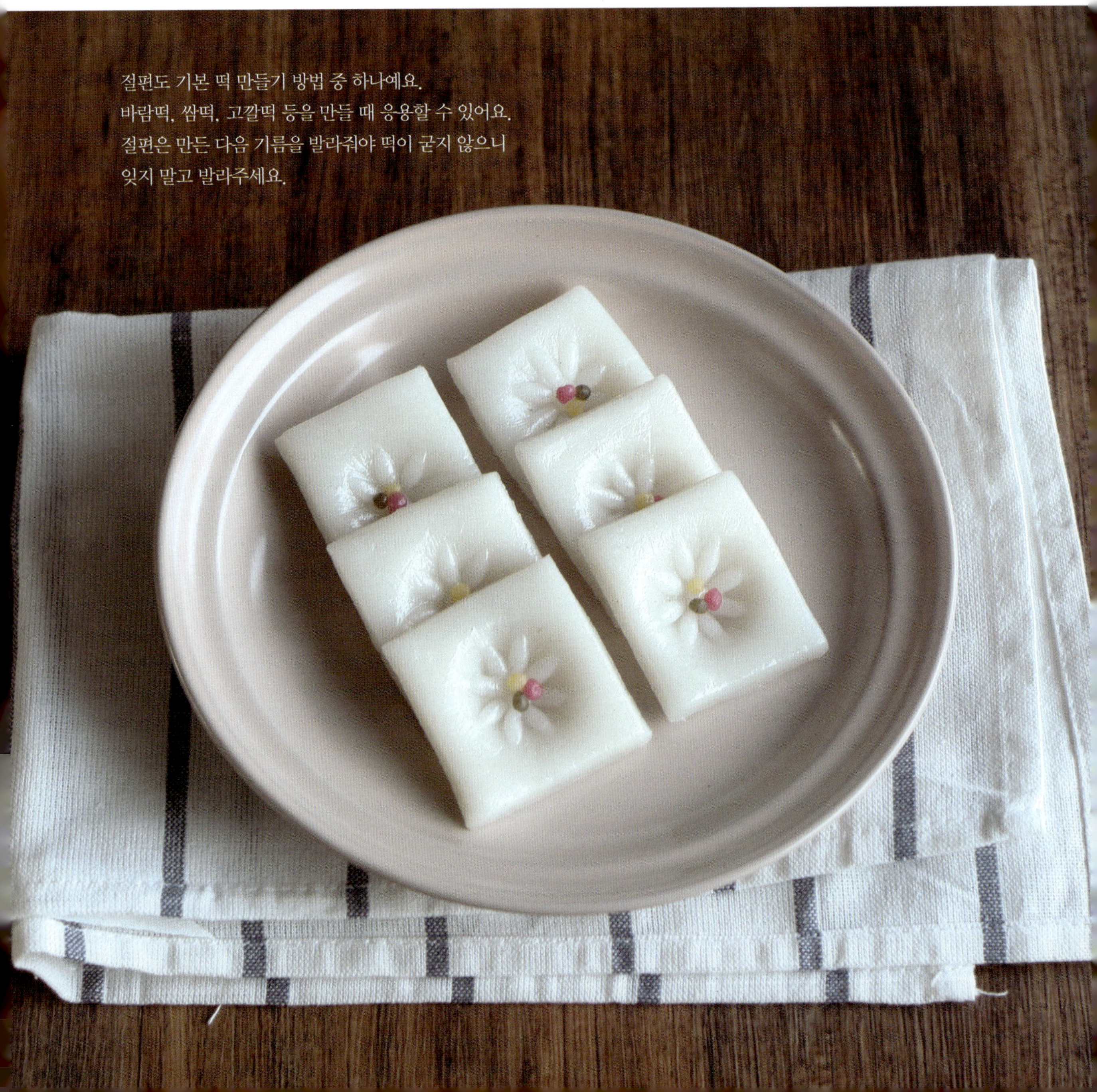

절편도 기본 떡 만들기 방법 중 하나예요.
바람떡, 쌈떡, 고깔떡 등을 만들 때 응용할 수 있어요.
절편은 만든 다음 기름을 발라줘야 떡이 굳지 않으니
잊지 말고 발라주세요.

1 쌀가루에 물을 넣고 고슬고슬하게 비벼 쌀가루가 소보로처럼 뭉치도록 만들어요. 물은 쌀가루 1컵당 2큰술이 기준이에요.

2 찜기에 시루밑을 깔고 쌀가루를 안친 다음 김이 오른 물솥에 올려 20분간 쪄요. 뜸을 들이면 떡이 질겨져서 뜸은 들이지 않아요.

3 쪄낸 떡반죽은 손에 기름을 살짝 바르고 한 덩어리가 되도록 치대요. 처음에는 떡반죽이 뜨거우니 장갑을 끼고 치대요.

4 떡반죽을 조금 떼어 백년초가루를 넣고 반죽해요.

5 떡반죽은 1㎝ 두께의 사각형으로 모양을 잡아요.

6 떡반죽은 떡살(떡도장)로 찍어 모양을 내요.

7 4에서 만든 분홍색 떡반죽을 콩알보다 더 작게 떼어 둥글린 후 떡살로 찍은 가운데 부분에 올려 모양을 내요. 떡은 모양을 살려 스크래퍼로 잘라요.

8 참기름과 식용유(올리브유 외 포도씨유, 해바라기유처럼 냄새 없는 기름)를 1:1로 섞어 떡에 발라요.

인절미

Injeolmi

25~30개 **찹쌀가루** 5컵, **물** 4큰술, **설탕** 5큰술, **볶은 콩가루** 적당량

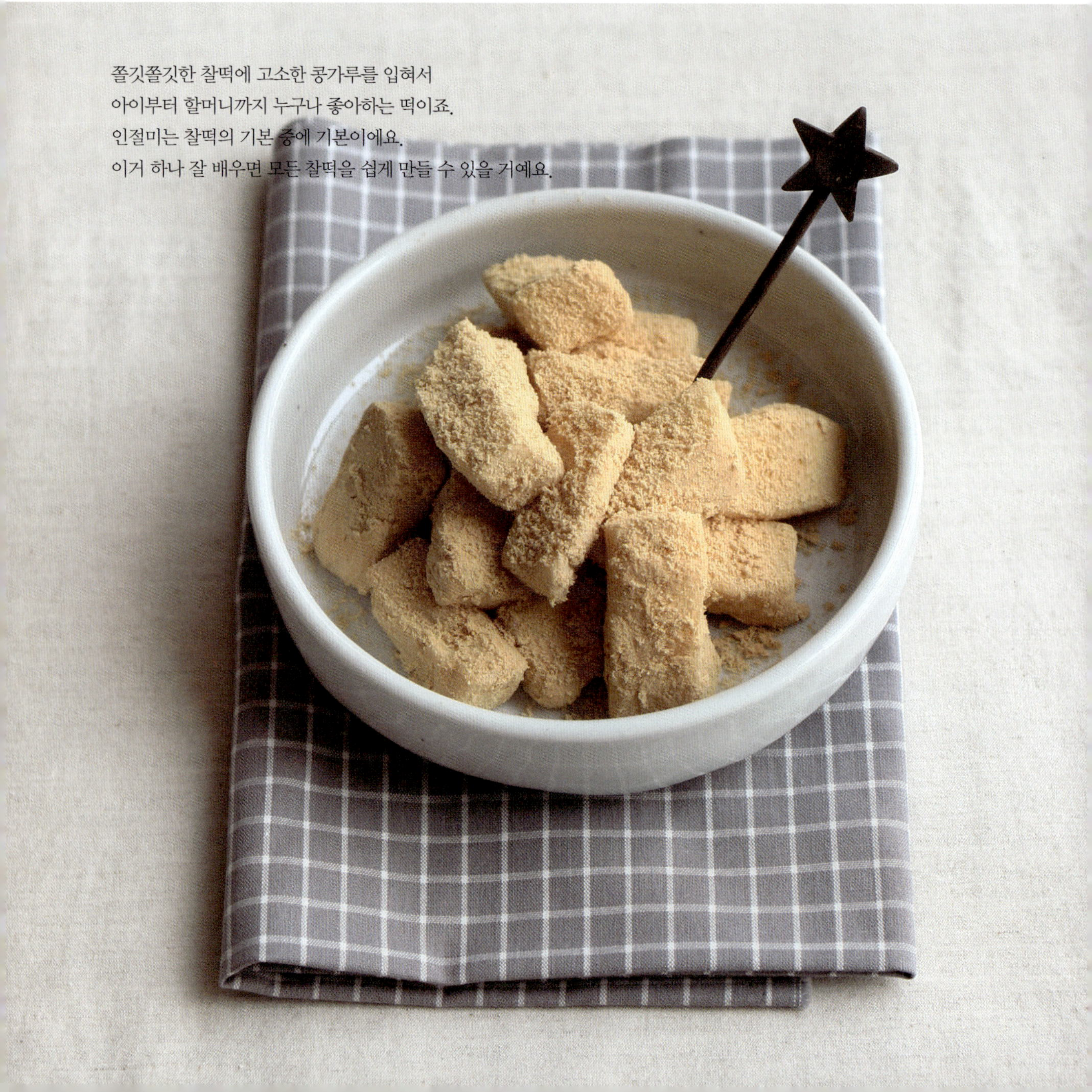

쫄깃쫄깃한 찰떡에 고소한 콩가루를 입혀서
아이부터 할머니까지 누구나 좋아하는 떡이죠.
인절미는 찰떡의 기본 중에 기본이에요.
이거 하나 잘 배우면 모든 찰떡을 쉽게 만들 수 있을 거예요.

1 쌀가루에 물을 넣고 고루 비벼요.

2 쌀가루를 체에 한 번 내린 후 설탕 4큰술을 넣고 고루 섞어요. 찹쌀가루는 체에 여러 번 내리면 가루가 너무 고와져서 찔 때 오히려 안 익을 수 있어요. 보통 한 번만 체에 내려요.

3 찜기에 젖은 면보를 깔고 설탕 1큰술을 고루 뿌려요. 설탕을 뿌려두면 떡이 익은 후에 면보에 들러붙지 않아요.

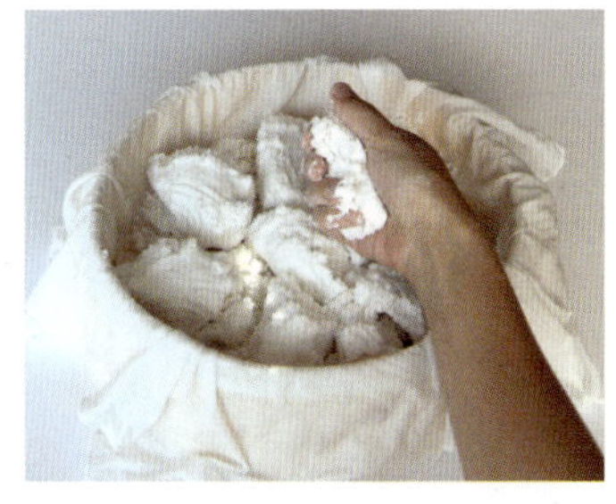

4 2의 쌀가루를 한 움큼씩 쥐어 찜기에 안쳐요. 쌀가루를 펼쳐 놓는 것보다 한 움큼씩 쥐어 안치면 떡이 더 잘 익어요.

5 김이 오른 물솥에 찜기를 올려 25분간 쪄요. 이때 면보가 타지 않게 뚜껑 위로 얹어요.

6 기름을 바른 볼에 쪄낸 떡반죽을 넣고 한 덩어리가 되도록 5분 정도 방망이로 쳐요. 이때 떡이 달라붙지 않게 방망이에 기름을 바르면 좋아요.

7 도마에 랩을 깔고 기름을 바르고 6의 떡반죽을 쏟은 다음 모양을 잡아요.

8 스크래퍼로 먹기 좋은 크기로 잘라요. 찰떡을 자를 때는 스크래퍼나 가위 혹은 칼에 랩을 씌우고 자르면 깔끔하게 잘려요.

9 자른 떡에 콩가루를 묻혀요.

검은콩설기

Black soybean seolgi 

원형 무스링 1호 **멥쌀가루** 5컵, **물** 5큰술, **설탕** 5큰술, **검은콩** ½컵(불린 콩 1컵), **소금** 약간

퍽퍽하다고 백설기를 싫어하는 분들도 검은콩설기는 좋아하는 경우가 많아요.
콩을 잘 안 먹는 아이들도 콩설기에 들어 있는 콩은 잘 먹더라고요.
약콩이라고 불리기도 하는 검은콩은 노화 방지와 갱년기 장애 개선, 해독 효과까지 있다고 해요.

1 검은콩은 물에 불려요.

2 불린 콩에 소금을 약간 넣고 버무려요.

3 쌀가루에 물을 넣고 고루 비벼요.

4 3의 쌀가루를 체에 두 번 내려요.

5 체에 내린 쌀가루에 2의 콩과 설탕을 넣고 고루 섞어요.

6 찜기에 시루밑을 깔고 무스링을 넣어요. 쌀가루를 안치고 윗면을 스크래퍼로 평평하게 정리해요.

7 김이 오른 물솥에 찜기를 올려 20분간 찌고, 5분간 뜸 들인 다음 무스링을 빼요.

단호박설기

Sweet pumpkin seolgi

원형 무스링 2호 **멥쌀가루** 7.5컵, **설탕** 8~9큰술
단호박 1통(중간 크기), **호박씨** 약간(잣이나 다른 견과류도 좋아요)

단호박으로 수분을 주어 백설기에 비해 훨씬 촉촉하고,
색도 예쁘고, 맛도 좋아 누구나 좋아하는 떡이에요.
저는 고명으로 호박씨를 올렸는데 잣이나 다른 견과류로 장식해도 좋아요.
무스링에 찌어 떡 케이크로 선물하기도 좋아요.

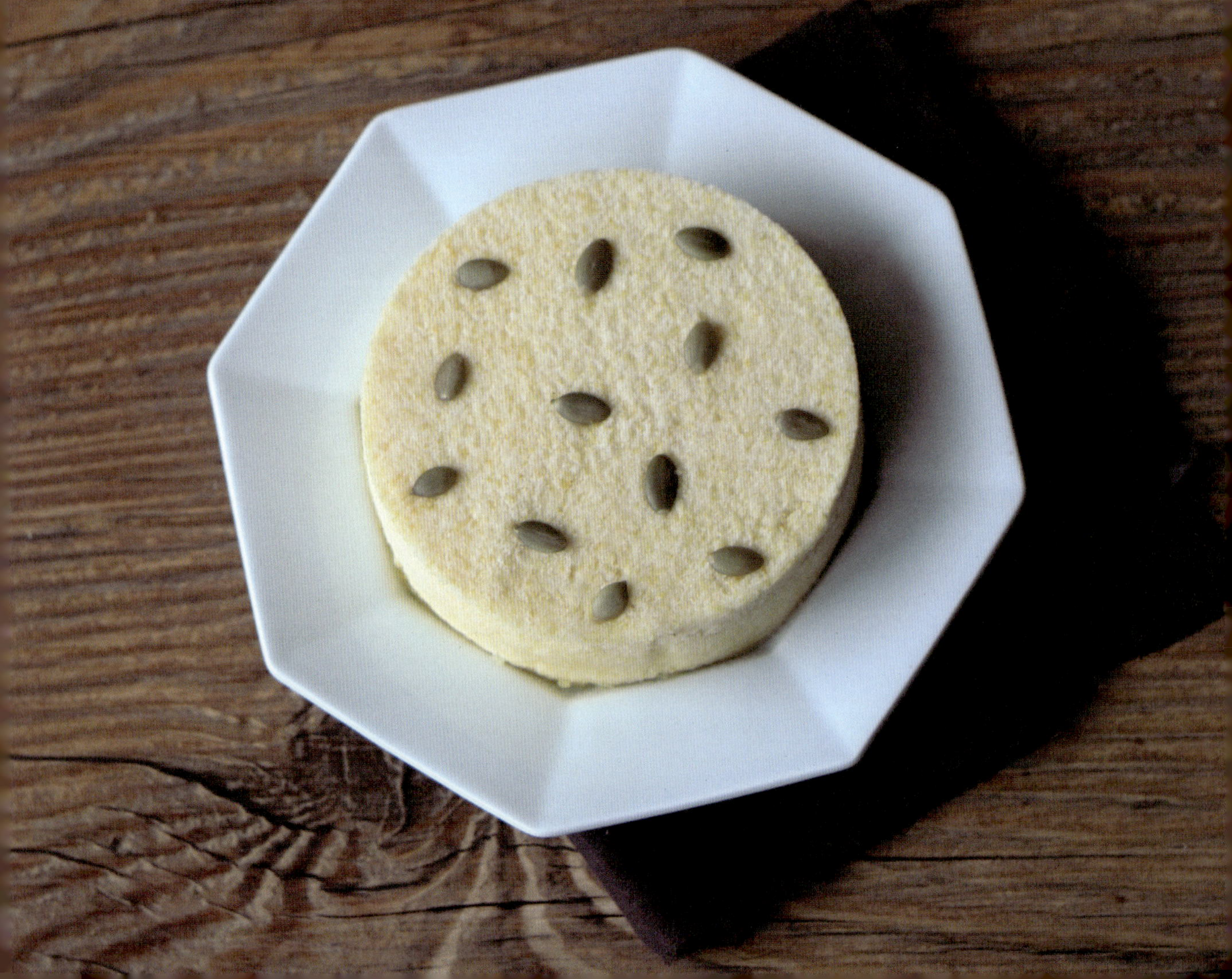

1 단호박 ½은 씨를 제거해요. 찜기에 넣고 30분 정도 푹 찐 다음 으깨 퓌레를 만들어요.

2 나머지 단호박 ½은 껍질을 벗겨 나박썰기한 다음 설탕 1~2큰술을 넣고 버무려요.

3 2의 단호박에 수분이 생기면 체에 밭쳐 물기를 빼요.

4 쌀가루에 1의 단호박퓌레를 한 줌씩 넣어가면서 고루 섞어요. 이때 쌀가루가 질거나 되지 않은지 수분 상태를 확인하면서 단호박퓌레를 섞어요.

5 수분을 적당히 준 쌀가루를 체에 두 번 내린 다음 설탕 7큰술을 넣고 고루 섞어요.

6 찜기에 시루밑을 깔고 무스링을 넣어요. 쌀가루를 절반만 안친 다음 3의 단호박을 넣어요.

7 남은 쌀가루를 마저 안치고 윗면을 스크래퍼로 평평하게 정리해요.

8 윗면에 호박씨, 잣 등 견과류로 장식하고 김이 오른 물솥에 찜기를 올려 20분간 찌고, 5분간 뜸 들인 다음 무스링을 빼요.

TIP

남은 단호박퓌레는 냉동 보관해요. 단호박은 국내산보다 뉴질랜드 단호박을 사용하는 게 좋아요. 뉴질랜드 단호박은 국내산보다 수분은 적고 당도는 높아 떡에 넣으면 맛도 색감도 훨씬 좋답니다. 뉴질랜드산 단호박은 1~6월경에 나와요.

바람떡
Baramtteok

풍선에 바람을 불어 넣은 것처럼
속이 살짝 비어 있어 바람떡이라고 해요.
또 개피떡이라고도 부르는데 한자로 加被(가피),
즉 얇은 껍질로 소를 싸서 만들었다는 의미죠.
씹으면 팡팡 터지는 재미도 있고,
달콤하고 쫄깃해서 아이들이 좋아하는 떡이에요.

1 쌀가루에 물을 넣고 고슬고슬하게 비벼 쌀가루가 소보로처럼 뭉치도록 만들어요.

2 찜기에 시루밑을 깔고 쌀가루를 안친 다음 김이 오른 물솥에 올려 20분간 쪄요. 뜸을 들이면 반죽이 질겨져서 뜸은 따로 들이지 않아요.

3 쪄낸 떡반죽은 한 덩어리가 되도록 치대요. 처음에는 떡반죽이 뜨거우니 장갑을 끼고 치대요.

4 떡반죽을 조금 떼어 백년초가루를 넣고 반죽해요.

5 떡반죽에 넣는 백년초가루는 ½작은술, 1작은술, 2작은술처럼 양을 조절하여 세 가지 색의 반죽을 만들어요.

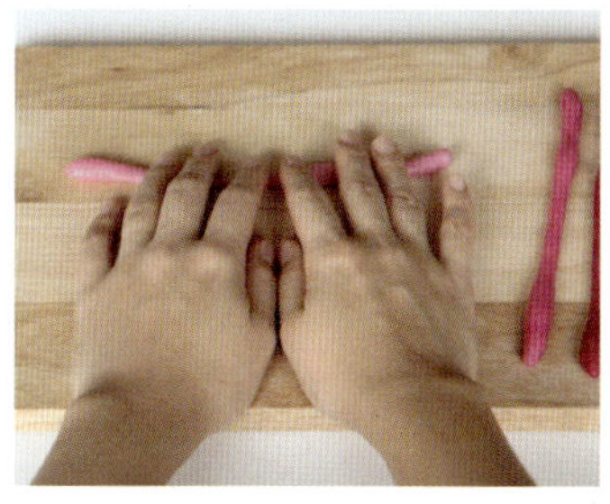

6 백년초가루로 물들인 떡반죽을 손으로 가늘고 길게 밀어요.

7 세 가지 색의 떡반죽을 나란히 놓고 하얀색 떡반죽을 그 위에 얹은 다음 밀대로 밀어요.

8 밀대로 민 떡반죽 위에 앙금을 올려요. 앙금은 팥앙금이나 백앙금 모두 좋아요.

9 앙금을 떡반죽으로 덮어요.

10 바람떡틀로 꾹 찍어요. 이때 바람떡틀과 떡반죽이 ½~⅔ 정도 겹치게 놓아야 바람떡 모양이 예뻐요.

11 식용유와 참기름을 1:1로 섞어 떡에 발라요.

옥춘떡
Okchuntteok

차례상에 올리던 알록달록한
고운 빛깔의 옥춘사탕 기억나세요?
옥춘떡은 옥춘사탕의 모양을 응용해서 만든 떡이에요.
색도 모양도 예뻐 아이들에게 만들어주면
무척 좋아한답니다.

 멥쌀가루 5컵, **물** 10큰술, **단호박가루, 백년초가루, 쑥가루, 자색고구마가루** 1작은술씩,
식용유 · 참기름 약간씩

1 쌀가루에 물을 넣고 고슬고슬하게 비벼 쌀가루가 소보로처럼 뭉치도록 만들어요.

2 찜기에 시루밑을 깔고 쌀가루를 안친 다음 김이 오른 물솥에 올려 20분간 쪄요. 뜸을 들이면 반죽이 질겨져서 뜸은 따로 들이지 않아요.

3 쪄낸 떡반죽은 한 덩어리가 되도록 치대요. 처음에는 떡반죽이 뜨거우니 장갑을 끼고 치대요.

4 떡반죽을 조금씩 떼어 각각 다른 천연색가루를 약간씩(½작은술 혹은 1작은술 정도) 넣고 반죽해요.

5 천연색가루로 물들인 각각의 반죽을 손으로 가늘고 길게 밀어요.

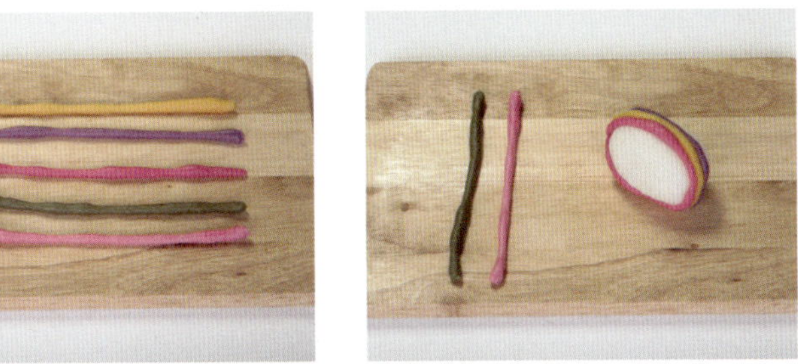

6 하얀색 떡반죽은 굵고 짧은 막대 모양으로 성형해주고 5의 길게 민 떡반죽으로 둘러요.

7 6의 떡반죽을 손으로 밀어 가래떡 두께 정도로 만들어요.

8 떡반죽을 앞뒤로 살살 밀었다 당겼다 하면서 손날로 잘라요.

9 손날로 자르면 양쪽 끝에 꼬리가 생기는데 이 부분을 손끝으로 살짝 눌러 모양을 내요.

10 식용유와 참기름을 1:1로 섞어 떡에 발라요.

쑥갠떡

Ssukkaentteok

약 10개 **멥쌀가루** 3컵, **삶은 쑥** 약 50g, **끓는 물** 5큰술, **설탕** 1큰술
참기름 1큰술, **소금** 약간

쑥을 개어 만들었다고 해서 흔히들 '개떡'이라고 부르죠.
어렸을 적 할머니 댁에 놀러 갔을 때 쑥을 캐어 갖다 드리면
할머니가 맛있는 쑥갠떡을 만들어 주셨어요.
그땐 간식거리가 흔하지 않아 쑥갠떡만 한 간식이 없었답니다.
지금도 이 떡을 먹으면 할머니가 그리워요.

1 쑥은 잎만 떼어 다듬고 푹 무르도록 삶아 찬물에 헹궈 물기를 꼭 짜요.

2 삶은 쑥은 칼로 잘게 다지거나 믹서에 곱게 갈아요. 이때 잘 갈리지 않으면 쑥을 살짝 얼려서 갈아요.

3 쌀가루에 데친 쑥을 넣고 고루 섞어요. 쑥가루를 사용할 경우 쌀가루 1컵당 쑥가루 1큰술을 넣어요.

4 3의 쌀가루에 끓는 물과 설탕을 넣고 익반죽해요. 반죽은 오래 치댈수록 쫄깃해요. 설탕은 쑥의 쓴맛을 중화시키고 반죽이 말라 갈라지는 것을 방지해요.

5 반죽을 밤알 크기로(25~30g 정도) 떼어 동그랗게 빚어요.

6 5의 반죽을 납작하게 빚거나 떡살로 찍어 모양을 내요.

7 찜기에 시루밑을 깔고 반죽을 안친 다음 김이 오른 물솥에 올려 20분간 쪄요. 반죽이 많아 서로 겹쳐 넣을 때는 마주 닿는 부분에 기름을 발라줘요.

8 쪄낸 떡에 참기름과 소금을 섞어 고루 발라요.

TIP 쑥 삶는 법

쑥 부피의 5배 정도의 물을 끓인 다음 쑥을 넣고 손으로 문질러서 뭉그러질 때까지 삶아요. 이때 소금이나 소다를 약간 넣어주면 물이 알카리성으로 변하면서 쑥의 색이 더 진해져요. 쑥에서 쓴맛이 나면 물에 여러 번 헹궈요.

삶은 쑥은 한 번 사용할 만큼씩 나눠서 냉동 보관하면 다음 해 봄까지 사용할 수 있어요. 삶은 쑥을 방앗간에 가져가면 빻아주는데 그걸 냉동 보관해서 사용해도 된답니다.

꽃송편

Flower songpyeon

추석이면 아이와 함께 송편을 만들어요.
아이가 어릴 땐 도와주기는커녕 일만 만드는 것
같더니 매해 솜씨가 좋아지는 것 같아요.
이럴 때 아이 키우는 재미와 아이가
크고 있다는 것을 느껴요.
아이와 함께 만들 때는 송편소를 콩이나 밤처럼
알이 큰 것을 이용하는 것도 좋아요.

25~30개 **하얀색** 멥쌀가루 2컵, 뜨거운 물 4큰술   **노란색** 멥쌀가루 2컵, 단호박가루 2작은술, 뜨거운 물 5큰술
하늘색 멥쌀가루 2컵, 파워에이드(시판) 4큰술 **송편소** 볶은 깨 1컵, 황설탕 ½컵, 콩가루 3큰술, 꿀 약간
식용유 · 참기름 약간씩

1 볶은 깨는 믹서에 살짝 간 다음 황설탕, 콩가루, 꿀을 넣고 섞어 송편소를 만들어요.

2 쌀가루는 세 개의 볼에 2컵씩 나누어 담아요. 단호박가루와 파워에이드를 각각 다른 볼에 넣고 고루 섞어요.

3 쌀가루만 넣은 볼에는 뜨거운 물 4큰술을, 단호박가루를 넣은 볼에는 뜨거운 물 5큰술을 넣고 익반죽을 해요. 파워에이드를 넣은 쌀가루는 뜨거운 물을 넣지 않고 반죽해요.

4 반죽을 밤알 크기로 떼어 둥글게 빚어 엄지와 검지로 살짝 눌렀을 때 옆면이 터지지 않고 매끈하면 반죽이 잘 된 거예요. 반죽이 터지면 물을 더 넣어주고, 반죽이 손에 묻어나면 쌀가루를 더 넣어 반죽해요.

5 반죽을 밤알 크기(20g 내외)로 둥글게 빚어요.

6 반죽 가운데에 홈을 파고 1의 송편소를 넣고 오므려요.

7 6의 반죽을 살짝 쥐어 공기를 빼줘요.

8 송편 모양을 낸 다음 남은 반죽을 떼어 꽃잎을 만들어 이쑤시개로 붙여요.

9 찜기에 시루밑을 깔고 반죽을 넣은 다음 김이 오른 찜기에 올려 20분간 쪄요.

10 쪄낸 떡에 식용유와 참기름을 1:1로 섞어 발라요.

TIP

- 송편 반죽을 할 때 뜨거운 물을 넣고 익반죽하면 쌀가루가 잘 뭉치고 떡이 더 쫄깃해요.

- 보통 콩을 넣은 송편은 안 터지는데 깨를 넣은 송편은 설탕이 녹아 수분이 생기면서 잘 터져요. 깨소에 콩가루를 섞어주면 터지지 않아요.

- 떡에 푸른빛을 낼 때는 주로 쑥가루를 사용하는데 더 맑고 화사한 푸른색을 내고 싶어서 파워에이드를 넣었어요.

검은깨찰떡말이

Black sesame chaltteokmali

30㎝ 찜기 1개 **찹쌀가루** 5컵, **물** 4큰술, **설탕** 5큰술, **검은깨고물** 1컵(21쪽 참고)

대표적인 블랙푸드인 검은깨는 '젊음의 묘약'이라고 불릴 만큼 항산화 작용이 뛰어나요.
건강에 좋은 식재료이지만 검은깨 특유의 맛을 싫어하는 분들이 많아요.
쫄깃한 찰떡에 넣어 그 특유의 맛을 부드럽게 만들고 영양은 살린 떡이랍니다.

1 쌀가루에 물을 넣고 고루 비벼요.

2 쌀가루는 체에 한 번 내린 다음 설탕을 넣고 고루 섞어요.

3 찜기에 젖은 면보를 깔고 검은깨고물을 바닥이 보이지 않을 정도로 얇게 고루 뿌리고 그 위에 쌀가루를 안친 다음 다시 검은깨고물을 뿌려요. 이때 검은깨고물을 너무 많이 뿌리면 떡과 겉도니 주의하세요.

4 김이 오른 물솥에 찜기를 올려 25분간 쪄요.

5 도마에 랩을 깔고 쪄낸 떡반죽을 쏟은 다음 김밥을 말듯 단단히 말아요.

6 단단하게 만 떡을 냉동실에서 30분간 굳혀요. 찰떡은 너무 뜨거울 때 자르면 모양이 흐트러지므로 살짝 얼린 다음 먹기 좋은 크기로 썰어요.

TIP 검은깨의 효능

검은깨는 레시틴이 풍부한데, 레시틴은 우리 뇌를 형성하는 성분으로 뇌의 작용을 활성화시켜 한창 공부하는 학생들에게 좋아요. 또한 검은깨에는 머리카락의 주성분인 케라틴이 들어 있어 흰머리와 탈모 증상을 예방해요. 검은깨 속 불포화지방산은 콜레스테롤 수치를 낮춰 동맥경화 예방에도 도움이 되며, 오장을 튼튼히 하는 효능도 있으니 그야말로 '불로장생의 명약'이라 불릴 만하죠?

꽃인절미

Flower injeolmi

약 20개 **찹쌀가루** 5컵, **물** 4큰술, **설탕** 5큰술
카스텔라 1개(손바닥 크기 정도), **대추** 5개, **호박씨** 한 줌

대추와 호박씨를 붙인 모양 때문에 꽃인절미라고 부르기도 하고,
부드러운 카스텔라 고물 때문에 카스텔라인절미라고도 해요.
콩고물을 묻힌 인절미보다 부드러워서 아이들이 먹기에도 좋아요.

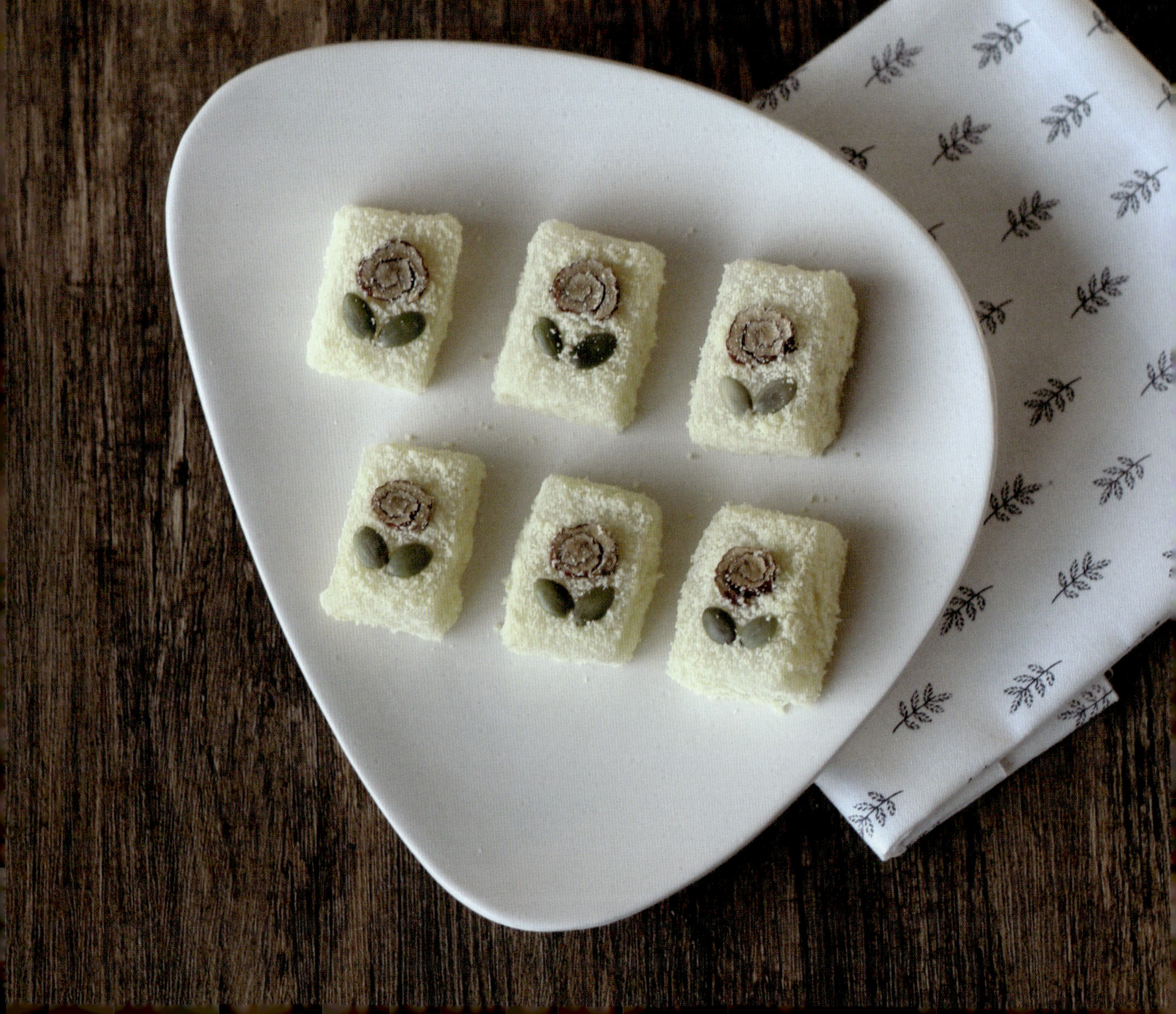

1 쌀가루에 물을 넣고 고루 비벼요. 쌀가루를 체에 한 번 내린 다음 설탕 4큰술을 넣고 고루 섞어요.

2 찜기에 젖은 면보를 깔고 설탕 1큰술을 고루 뿌려요.

3 쌀가루를 한 움큼씩 쥐어 찜기에 안쳐요. 김이 오른 물솥에 찜기를 올려 25분간 쪄요.

4 기름을 바른 볼에 쪄낸 떡반죽을 넣고 한 덩어리가 되도록 5분 정도 방망이로 쳐요.

5 도마 위에 랩을 깔고 기름을 바른 다음 치댄 떡반죽을 쏟아 평평하게 모양을 잡아요.

6 먹기 좋은 크기로 잘라요. 찰떡을 자를 때는 스크래퍼나 가위 혹은 칼에 랩을 씌우고 자르면 깔끔하게 잘려요.

7 대추는 돌려깎기해 돌돌 말아 썰면 꽃모양 같아요. 자른 떡반죽 위에 대추꽃과 호박씨를 붙여요.

8 카스텔라는 짙은 색 부분은 제거하고 체에 살살 비벼 내려요.

9 떡 표면에 카스텔라고물을 고루 묻혀요. 고물이 잘 묻지 않는 경우 떡에 꿀을 살짝 발라요.

유자단자
Citron danja

15개 **찹쌀가루** 5컵, **귤 시럽** 4큰술(귤 2개, 설탕 귤 과육 중량의 ½, 귤 시럽은 오렌지주스로 대체 가능), **설탕** 3큰술
소 **거피팥고물** 2컵(20쪽 참고), **유자청** 3~4큰술 **고물** **코코넛가루** 1컵 **장식** **유자청 건지** 약간

귤과 유자로 만들어 상큼하고 색도 예뻐요.
유자가 들어가는 떡을 만들 때는 시판용 유자차를 체에 걸러
절임과 청을 구분해서 사용하면 편리해요.

1 2개의 귤 과육과 과육 중량 ½ 정도의 설탕을 믹서에 간 다음 체에 밭쳐 내려 농도가 걸쭉해 질 때까지 약 5분 정도 조려 귤 시럽을 만들어요.

2 쌀가루에 1의 귤 시럽 4큰술을 넣고 섞어요.

3 쌀가루를 체에 한 번 내린 다음 설탕 2큰술을 넣고 고루 섞어요.

4 찜기에 젖은 면보를 깔고 설탕 1큰술을 뿌린 다음 쌀가루를 한 줌씩 쥐어 안쳐요. 김이 오른 물솥에 찜기를 올려 25분간 쪄요.

5 반죽이 익는 동안 거피팥고물에 유자청을 넣고 되직하게 섞어 약 25g(지름 3㎝) 정도씩 떼어 둥글게 빚어요.

6 기름을 바른 볼에 쪄낸 떡반죽을 넣고 한 덩어리가 되도록 5분 정도 방망이로 쳐요.

7 6의 떡반죽을 적당한 크기(약 25~30g 정도)로 나눈 다음 5의 거피팥소를 넣고 둥글게 빚어요.

8 빚은 떡에 코코넛가루를 골고루 묻혀요.

9 유자단자의 가운데 부분을 손가락으로 살짝 눌러 홈을 파고 유자청 건지로 장식해요.

삼색경단

Three colors gyeongdan

 찹쌀가루 3컵, **끓는 물** 5큰술, **팥앙금** 100g, **녹말가루** 약간, **소금** 약간
검은깨고물 ½컵(21쪽 참고), **참깨고물** ½컵(팬에 살짝 볶아요), **팥가루고물(시판)** ½컵

경단은 주로 아기 백일이나 돌에 만들어 이웃에게 돌리던 떡이에요.
만드는 사람의 취향에 따라 다양한 색과 모양을 낼 수 있으니,
여러 가지 재료를 활용해서 만들어 보세요.

1 쌀가루에 끓는 물을 넣고 익반
죽해요. 반죽은 많이 치댈수록
쫄깃해져요.

2 팥앙금은 약 5g(지름 1.5㎝) 정
도씩 떼어 둥글게 빚어요.

3 1의 반죽을 약 15g(지름 2.5㎝)
정도씩 떼어 2의 팥앙금을 넣
고 둥글게 빚어요.

4 3의 반죽에 녹말가루를 살짝
묻힌 다음 가루를 털어내요. 녹
말가루를 묻히면 나중에 고물
이 잘 붙는데, 가루를 잘 털어
내지 않으면 반죽이 잘 익지 않
아요.

5 물이 끓으면 소금과 4의 반죽
을 넣고 삶다가 반죽이 떠오르
면 찬물 1컵을 부어요. 이때 소
금은 잘 익으라고 넣는 거예요.

6 반죽이 다시 떠오르면 30초
정도 그대로 두어 살짝 뜸을
들인 다음 건져내요.

7 삶은 떡은 찬물(얼음물)에 재빨
리 헹궈 체에 받쳐 물기를 빼
요. 찬물에 담그면 경단 모양
이 일그러지지 않아요.

8 물기를 뺀 삶은 떡에 각각의
고물을 골고루 묻혀요. 고물이
잘 묻지 않으면 꿀을 살짝 발
라요. 고물은 취향에 따라 준
비해요.

Part 2

속이 편하고
든든해지는
아침 떡
&간식 떡

아이스크림설기
고깔떡
모듬백이
검은콩찰떡
단호박찰떡말이
호두찰편
녹두흑미편
호박고지찰시루떡
현미영양찰떡
딸기찹쌀떡
현미강정
사과단자
쑥굴레
수수부꾸미

아이스크림설기

Icecream seolgi

8~9개 **하얀가루** 멥쌀가루 1컵, 물 1큰술, 설탕 1큰술
초코가루 멥쌀가루 1컵, **코코아가루** ½큰술, 물 1큰술, 설탕 1큰술
노란가루 멥쌀가루 1컵, 단호박가루 1큰술, 물 1큰술, 설탕 1큰술
초코칩 적당량

반구 모양의 실리콘틀을 이용해서 만든 아이스크림 모양의 설기떡이에요.
시판 아이스크림 콘 위에 올리면 정말 아이스크림 같아요.
코코아가루 외에 백년초가루, 쑥가루, 자색고구마가루 등
다양한 색깔의 재료를 이용해 만들 수 있어요.

1 쌀가루는 세 개의 볼에 1컵씩 나눠 담아요. 코코아가루와 단호박가루를 각각 넣고 고루 섞어요.

2 각각의 볼에 물을 1큰술씩 넣고 섞어요. 가루를 만져 보고 건조하면 1작은술 정도 더 넣어도 좋아요.

3 각각의 가루를 체에 두 번 내린 다음 설탕 1큰술씩을 넣고 고루 섞어요.

4 하얀가루, 초코가루, 노란가루, 초코칩을 준비해요.

5 반구 실리콘틀에 초코가루를 조금 넣고, 하얀가루를 넣고 중간에 초코칩 넣기를 반복해요. 가루를 어떻게 넣느냐에 따라 무늬가 달라져요.

6 반구 실리콘틀에 쌀가루를 가득 채웠으면 윗면을 평평하게 정리해요.

7 찜기에 반구 실리콘틀을 넣고 김이 오른 물솥에 올려 20분간 찐 다음 실리콘틀에서 떡을 꺼내요.

TIP

- 두 개의 아이스크림설기에 잼을 발라 붙이면 원 모양으로 만들 수 있어요.

- 쌀가루에 단호박가루나 코코아가루같은 건조한 가루를 섞어 색을 내는 경우에는 수분이 부족해서 물의 분량을 조금 늘려줘야 해요. 가루의 건조 상태나 계절에 따라서 부족한 수분량이 달라질 수 있어요.

고깔떡

Gokkaltteok

약 30개 **하얀반죽** 멥쌀가루 3컵, 물 6큰술
녹차반죽 멥쌀가루 3컵, 녹차가루 1큰술, 물 6큰술
앙금(시판) 150g, **식용유 · 참기름** 약간씩

고깔모자처럼 생겼다고 해서 고깔떡이라고 해요.
바람떡과 만드는 방법은 비슷하니 아이와 함께 만들어서 간식으로 먹어도 좋고,
단정하게 만들어서 선물하기도 좋답니다.

1 쌀가루 3컵에 물 6큰술을 넣고 고슬고슬하게 비벼 쌀가루를 소보로처럼 뭉쳐 하얀반죽을 만들어요.

2 쌀가루 3컵에 녹차가루를 넣고 고루 섞은 다음 물 6큰술을 넣어 고슬고슬하게 비벼 소보로처럼 뭉쳐 녹차반죽을 만들어요.

3 찜기에 시루밑을 깔고 1~2의 쌀가루가 겹치지 않게 안친 다음 김이 오른 물솥에 올려 20분 정도 쪄요. 이때 뜸을 들이면 반죽이 질겨져서 뜸은 들이지 않아요.

4 쪄낸 떡반죽은 한 덩어리가 되도록 치대요. 처음에는 떡반죽이 뜨거우니 장갑을 끼고 치대요.

5 반죽을 밀대로 밀어요. 반죽의 두께는 2~3mm 정도가 적당해요.

6 하얀반죽과 녹차반죽을 겹쳐 놓고 사각틀로 잘라주거나 사방 6~7cm 크기로 스크래퍼로 잘라요.

7 사각형 반죽 위에 앙금을 올리고 대각선 방향으로 접어 삼각형을 만든 다음 양 끝을 붙여요.

8 식용유와 참기름을 1:1로 섞어 떡에 발라요.

TIP

- 모양을 내기 위해 녹차반죽과 하얀반죽을 겹쳐서 만들었는데, 한 가지 반죽으로만 만들어도 돼요.
- 앙금은 팥앙금이나 백앙금 모두 좋아요.

모듬백이

Modeumbaeki

사각 무스링 2호 **찹쌀가루** 5컵, **물** 3큰술, **설탕** 6큰술+약간
호박고지 ⅓컵, **대추** 8개, **밤** 5개, **잣** ½큰술, **검은콩** ½컵

몸에 좋은 각종 견과류가 골고루 들어간 영양찰떡이에요.
원래 모듬백이는 콩, 밤, 대추, 팥 등을 찹쌀가루에 섞어 찐 떡으로
썰었을 때 마치 쇠머리 편육처럼 생겼다 하여 쇠머리떡이라고도 부른답니다.

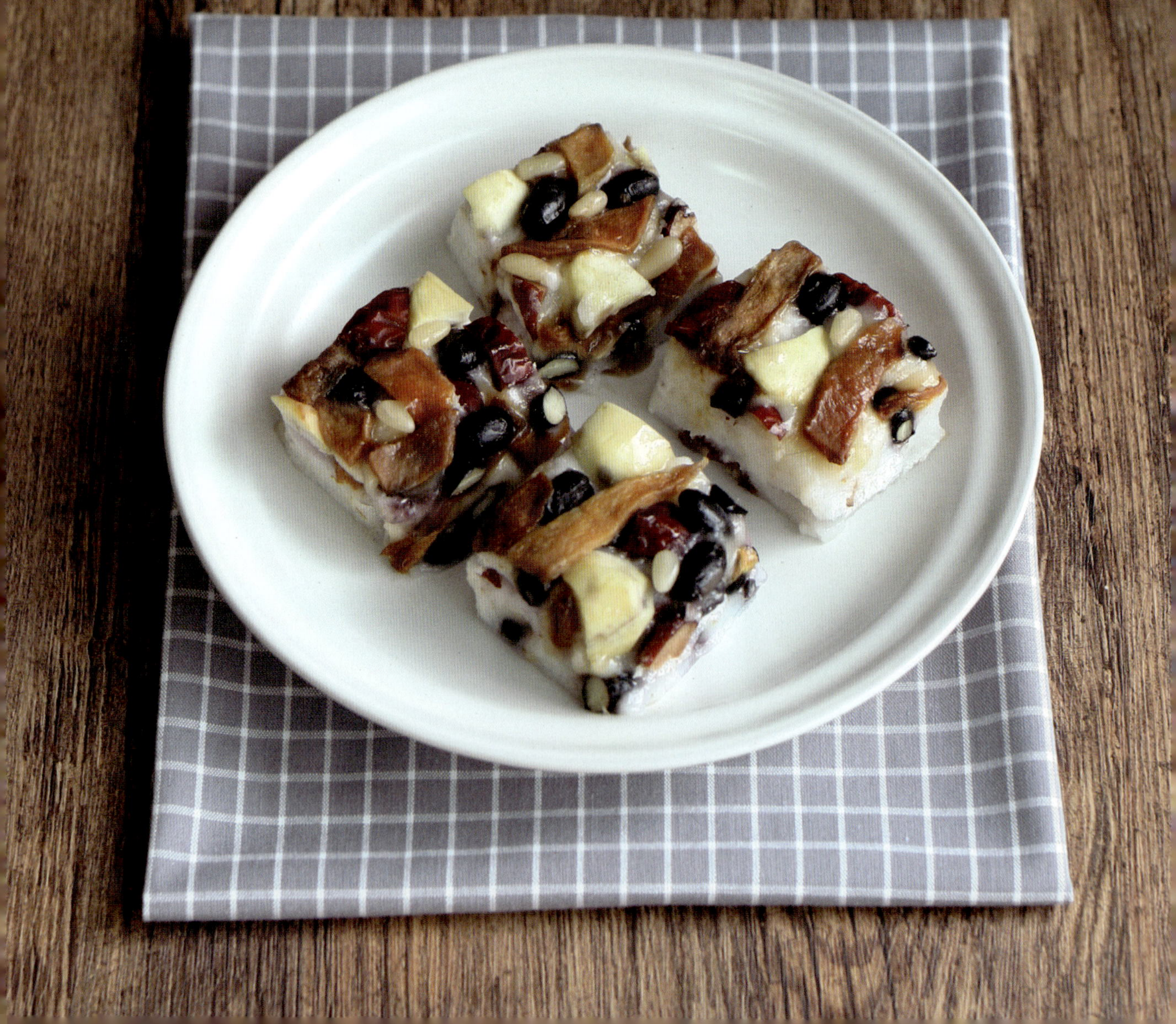

1 호박고지는 물에 불려 물기를 짜고 설탕 ½큰술을 넣고 버무 려요.

2 밤은 껍질을 깎아 4~6등분 해서 설탕을 약간 넣고 버무려요. 대추는 돌려깎기해서 씨를 제거해요. 잣은 고깔을 떼어요.

3 검은콩은 물에 불려 물기를 빼고 설탕 ½큰술을 넣어 버무 려요.

4 찜기에 시루밑을 깔고 1~3에서 준비한 재료 절반을 섞어 안쳐요.

5 쌀가루에 물을 넣고 고루 섞어 체에 한 번 내려요.

6 쌀가루에 1~3에서 준비한 재료의 나머지 절반을 넣고 고루 섞어요.

7 6의 쌀가루에 설탕 5큰술을 넣고 고루 섞어요.

8 4의 찜기에 7의 쌀가루를 안치고 김이 오른 물솥에 올려 25분간 쪄요.

9 떡이 다 익으면 도마에 랩을 깔고 떡이 붙지 않도록 기름을 살짝 발라요. 그 위에 떡을 엎고 모양을 잡은 다음 먹기 좋은 크기로 잘라 낱개 포장해요.

검은콩찰떡

Black soybean chaltteok

건강식품으로 주목받고 있는 블랙푸드에 들어있는
안토시아닌 색소는 항산화, 항암 효과가 뛰어나다고 해요.
대표적인 블랙푸드인 검은콩을 넣어 만든 검은콩찰떡은
아침 식사 대용은 물론 간식으로도 아주 좋아요.

1 검은콩을 깨끗이 씻어서 물에 2~3시간 정도 불려요.

2 불린 콩에 소금을 넣고 버무려요.

3 쌀가루에 물을 넣고 고루 비벼요.

4 3의 쌀가루를 체에 한 번 내린 다음 백설탕을 넣고 고루 섞어요.

5 찜기에 시루밑을 깔고 무스링을 넣어요. 2의 콩을 바닥이 보이지 않도록 깔아요.

6 콩 위에 4의 쌀가루의 반을 안치고 평평하게 정리해요.

7 쌀가루 위에 흑설탕 1큰술을 고루 뿌려요.

8 남은 쌀가루 절반을 안치고 남은 콩을 넣어요. 김이 오른 물솥에 찜기를 올려 25분간 쪄요.

9 도마에 랩을 깔고 쪄낸 떡을 엎어 먹기 좋은 크기로 잘라요.

단호박찰떡말이

Sweet pumpkin chaltteokmali

30cm 찜기 1개 **찹쌀가루** 5컵, **찐 단호박** 소복하게 2~3큰술, **설탕** 5큰술, **거피팥고물** 2컵(20쪽 참고)

단호박찰떡말이는 찰떡의 쫄깃함과 단호박의 부드럽고
달콤한 맛이 어우러져 아무리 먹어도 질리지 않아요.
겨울철 국내산 단호박은 수분이 많고, 뉴질랜드산 단호박은 수분이 적어요.
단호박에 따라서도 수분량이 다르니 쌀가루에 섞을 때
수분 상태를 보면서 단호박 양을 조절하세요.

1 단호박은 6등분 하여 씨를 제거하고 찜기에 넣어 30분 정도 푹 쪄요.

2 찐 단호박은 껍질을 벗기고 곱게 으깬 다음 쌀가루에 넣고 고루 비벼요.

3 쌀가루는 체에 한 번 내린 다음 설탕 4큰술을 넣고 고루 섞어요.

4 찜기에 젖은 면보를 깔고 떡이 달라붙지 않도록 설탕 1큰술을 고루 뿌린 다음 쌀가루를 한 움큼씩 쥐어 안쳐요.

5 김이 오른 물솥에 찜기를 올려 25분간 쪄요.

6 도마에 거피팥고물을 넉넉히 뿌리고 쪄낸 떡반죽을 엎은 다음 그 위에 거피팥고물을 약간 뿌려요.

7 떡반죽에 고물을 뿌려가며 밀대로 살포시 밀어 늘려요.

8 떡반죽을 김밥 말듯이 돌돌 말아 모양을 잡아요.

9 8의 떡을 랩으로 잘 싸서 냉동실에 30분 정도 넣었다가 꺼내 먹기 좋은 크기로 썰어요.

호두찰편

Walnut chalpyeon

30㎝ 찜기 1개 **찹쌀가루** 5컵, **물** 4큰술, **설탕** 1큰술, **호두 분태** ⅔컵, **흑설탕** 5큰술

쫄깃한 찰떡에 두뇌 건강과 피부 노화 방지에 좋은 고소한 호두를 섞어
아침 식사는 물론 아이 간식으로 정말 좋은 떡이에요.
호두와 땅콩을 섞어서 만들어도 맛있어요.

1 쌀가루에 물을 넣고 고루 비벼요.

2 쌀가루는 체에 한 번 내려요.

3 찜기에 젖은 면보를 깔고 설탕을 고루 뿌려요. 설탕을 뿌려두면 익은 떡이 면보에 들러붙지 않아요.

4 체에 내린 쌀가루를 찜기에 넣고 고르게 펴줘요. 이때 쌀가루 2큰술만 남겨 놓아요.

5 쌀가루 위에 호두 분태를 고루 뿌려요.

6 4에서 남겨 놓은 쌀가루 2큰술에 흑설탕을 넣고 섞어 고루 뿌려요.

7 김이 오른 물솥에 찜기를 올려 25분간 찌고, 5분간 뜸을 들여요. 떡이 익으면 도마 등에 쏟아 평평하게 모양을 잡고 한 김 식힌 다음 먹기 좋은 크기로 잘라요.

녹두흑미편

Mung beans black rice pyeon

30cm 찜기 1개　**멥쌀가루** 2컵, **찹쌀가루** 3컵, **찰흑미가루** 1컵(16쪽 참고)
물 5큰술, **설탕** 5큰술, **녹두고물** 2컵(18쪽 참고)

녹두는 우리 몸에 쌓인 노폐물을 배출하는 데 도움을 준다고 해서
건강 프로그램에 자주 소개되곤 해요.
찹쌀가루로만 해도 되지만 흑미가루를 섞으면 색도 예쁘고,
구수하고, 영양가도 높아요.

1 멥쌀가루, 찹쌀가루, 찰흑미 가루를 고루 섞어요.

2 쌀가루에 물을 넣고 고루 섞어 체에 한 번 내려요.

3 쌀가루에 설탕을 넣고 고루 섞 어요.

4 찜기에 젖은 면보를 깔고 녹두 고물을 뿌려요.

5 4의 녹두고물 위에 쌀가루 – 녹두고물 순으로 안쳐요.

6 김이 오른 물솥에 찜기를 올 려 25분간 찌고, 5분간 뜸 들 여요.

7 떡이 익으면 도마 등에 쏟아 평평하게 모양을 잡고 한 김 식힌 다음 먹기 좋은 크기로 잘라요.

TIP 녹두흑미편은 찹쌀가루와 찰흑미가루로만 만들어도 되고, 멥쌀가루를 넣어도 상관없어요. 찹쌀가루와 멥쌀가 루를 섞으면 멥쌀의 부드러움과 찹쌀의 쫄깃함이 어우러져 떡이 더 맛있어요.

호박고지찰시루떡

Dried slices of pumpkin chalsirutteok

사각 무스링 2호 **찹쌀가루** 5컵, **물** 4큰술, **설탕** 5큰술+½큰술
팥고물 3컵(19쪽 참고), **호박고지** ½컵

늙은 호박을 얇게 썰어서 말린 호박고지를 이용해서 만든 찰시루떡이에요.
호박고지처럼 말린 재료는 보관하기도 좋고 사용하기도 편해요.
예전에는 겨울에 호박을 구하기 어려워 호박을 말렸다가
겨울철에 사용하곤 했다고 해요.

1 19쪽을 참고하여 팥고물을 준비해요.

2 호박고지는 물에 살짝 불려 체에 밭쳐 물기를 뺀 다음 설탕 ½큰술을 넣고 버무려요.

3 쌀가루에 물을 넣고 고루 섞어요.

4 쌀가루는 체에 한 번 내린 다음 설탕 5큰술을 넣고 고루 섞어요.

5 찜기에 시루밑을 깔고 무스링을 넣어요. 팥고물 – 쌀가루 – 호박고지 – 쌀가루 – 호박고지 – 쌀가루 – 팥고물 순으로 안쳐요.

6 김이 오른 물솥에 찜기를 올려 25분간 찌고, 5분간 뜸 들인 다음 무스링을 빼요.

현미영양찰떡

Brown rice chaltteok

건강을 생각해서 현미밥을 드시는 분들이 많죠?
현미영양찰떡은 현미찹쌀, 대추, 호두 등을 넣어 만든
그야말로 건강 그 자체인 떡이에요.
아침밥으로 준비하면 하루를 든든하게
시작할 수 있을 거예요.

구름떡틀 1개 **현미찹쌀가루** 6컵, **물** 5큰술, **설탕** 5큰술, **대추** 11개, **밤** 5개, **호두 분태** 한 줌(25g), **호박씨** 한 줌(25g)

1 현미찹쌀가루에 물을 넣고 고루 섞어요.

2 쌀가루는 체에 한 번 내린 다음 설탕 4큰술을 넣고 고루 섞어요.

3 밤은 껍질을 벗겨 4~6등분 하고, 대추 5개는 돌려깎기해서 4~6등분 하고, 호박씨와 호두 분태를 준비해요.

4 2의 쌀가루에 3의 재료를 넣고 고루 섞어요.

5 찜기에 젖은 면보를 깔고 설탕 1큰술을 고루 뿌려요.

6 4의 쌀가루를 한 움큼씩 쥐어 찜기에 안쳐요.

7 김이 오른 물솥에 찜기를 올려 25분간 찌고, 5분간 뜸 들여요.

8 구름떡틀 안쪽에 랩을 씌워요.

9 구름떡틀에 쪄낸 떡반죽을 절반쯤 채우고 돌려깎기해서 돌돌 만 대추 6개를 중앙에 일직선으로 넣어요.

10 남은 떡반죽을 틀에 가득 채우고 랩을 씌워 냉동실에서 1시간 정도 굳혀요. 떡을 냉동실에서 굳혀야 썰기 쉽고 예쁘게 썰려요.

11 냉동실에서 굳힌 떡을 꺼내어 8mm 두께로 썰어요. 떡은 낱개 포장해서 냉동 보관하고 자연 해동해서 드세요.

TIP 현미찹쌀가루 만들기

현미찹쌀은 깨끗이 씻어 인 다음 24시간 이상 충분히 물에 불려 방앗간에서 가루로 빻아 준비해요. 현미 껍질 때문에 오래 불려야 하므로 겨울엔 2~3회, 여름에는 5~6회 물을 갈아주면서 불려요. 방앗간에서 빻아온 쌀가루는 냉동 보관하세요.

딸기찹쌀떡
Strawberry chapssaltteok

15개   **찹쌀가루** 5컵, **물** 5큰술, **설탕** 5큰술, **녹말가루(감자전분 혹은 옥수수전분)** 약간
팥앙금(시판) 약 200g, **딸기** 15개

한동안 과일 찹쌀떡이 유행이었죠.
요즘도 주말에 명동에 나가 보면 딸기찹쌀떡을 파는 곳에
많은 사람들이 모여 있더라고요.
딸기 대신 키위나 바나나를 넣고 만들어도 좋아요.

1 딸기는 꼭지를 떼고 깨끗이 씻어 물기를 빼요.

2 적당량의 팥앙금을 동글납작하게 펴서 딸기를 감싸요.

3 쌀가루에 물을 넣고 고루 섞어요.

4 쌀가루는 체에 한 번 내리고 설탕 4큰술을 넣어 고루 섞어요.

5 찜기에 젖은 면보를 깔고 설탕 1큰술을 고루 뿌려요.

6 쌀가루를 한 움큼씩 쥐어 찜기에 안치고 25분간 쪄요. 쌀가루를 평평하게 안치는 것보다 한 움큼씩 쥐어서 안쳐야 잘 익어요.

7 기름을 바른 볼에 쪄낸 떡반죽을 넣고 한 덩어리가 되도록 5분 정도 방망이로 쳐요.

8 도마에 녹말가루를 살짝 뿌리고 7의 떡반죽을 놓아요. 떡반죽을 일정한 크기로 떼어 넓게 펴고 2의 딸기소를 넣고 잘 오므려요.

9 찹쌀떡끼리 붙지 않도록 표면에 녹말가루를 고루 뿌려요.

현미강정

Brown rice gangjeong

강정틀 1판 **구운 현미** 120g, **견과류**(호두 분태, 아몬드, 해바라기씨 등) 100g, **백년초가루** 1큰술
시럽 **설탕** 4큰술, **물엿** 6큰술, **물** 1큰술, **소금** 1꼬집

예로부터 내려오던 쌀강정은 손이 많이 가고 만들기가 까다로워요.
마트에서 판매하는 구운 현미, 볶은 수수, 볶은 콩 등을 이용하면 쉽고 간단하게 강정을 만들 수 있어요.
백년초가루, 단호박가루, 녹차가루 등을 넣어 다양한 색을 낼 수 있어요.

1 팬에 분량의 시럽 재료를 넣고 설탕이 녹을 때까지 약불에서 끓여요. 이때 저으면 시럽이 딱딱하게 굳을 수 있으니 절대 저어주지 마세요.

2 시럽이 녹으면 백년초가루를 넣고 고루 섞어요.

3 시럽이 끓어오르면 구운 현미와 견과류를 넣어요.

4 약불에서 시럽이 끈끈해지면서 거미줄 같은 실이 생길 때까지 (약 1~2분 정도) 버무려요.

5 강정틀 위에 떡비닐이나 랩을 깔아요. 떡비닐에 식용유를 살짝 바르면 강정이 붙지 않아요.

6 4를 강정틀에 쏟고 밀대로 밀어요.

7 강정은 한입 크기나 바 형태로 잘라요.

TIP

- 백년초가루 대신 단호박가루나 녹차가루 등 원하는 색깔의 가루를 넣어도 되고, 2번 과정을 생략하고 색을 내지 않고 만들어도 좋아요.

- 강정을 만들 때 '실이 보인다'는 표현을 쓰죠. 문방구에서 파는 물풀을 손에 묻혀서 장난치다 보면 거미줄처럼 생기는 실이랑 비슷한 실이 생기는 것을 의미해요.

사과단자
Apple danja

다진 사과정과와 거피팥고물을 섞어 소를 만들어 넣고
코코넛가루를 고물로 사용해 새콤하고 달콤해요.
여자라면 누구나 좋아할 거예요.

 찹쌀가루 3컵, **물** 3큰술, **딸기향가루**(시판 쿨에이드가루) ½작은술, **설탕** 3큰술, **코코넛가루** 1컵
사과정과 **사과** 1개, **설탕** 적당량, **소금** 약간   소 **거피팥고물** 1컵(20쪽 참고), **다진 사과정과**, **꿀** 2~3큰술
장식 **호박씨 · 사과정과** 약간씩

〈사과정과 만들기〉

1 사과는 깨끗이 씻어 물기를 빼고 얇게 썰어요.

2 얇게 썬 사과는 끓는 물에 소금을 넣고 사과가 노릇해질 정도로 살짝 데쳐 체에 밭쳐 물기를 빼요.

3 접시에 설탕을 얇게 깔고 사과를 한 켜 깐 다음 설탕을 얇게 뿌려요.

4 사과에서 물이 나오면 다시 설탕을 얇게 뿌린 다음 채반에 올려 말려요. 사과에서 수분이 나오지 않고 꾸덕꾸덕해질 때까지 설탕을 뿌리고 말리기를 2~3번 정도 반복해요.

5 물에 딸기향가루를 넣고 녹여요. 붉은색을 내는 천연가루는 찌고 나면 색이 날아가기 때문에 시판 쿨에이드가루를 사용했어요.

6 쌀가루에 5를 넣고 고루 섞어 체에 한 번 내려요. 설탕 2큰술을 넣고 고루 섞어요.

7 찜기에 젖은 면보를 깔고 설탕 1큰술을 고루 뿌려요. 쌀가루를 한 움큼씩 쥐어 안치고 20분간 쪄요.

8 볼에 거피팥고물, 꿀, 4의 사과정과를 다져 넣고 섞어서 소를 만들어요.

9 8의 소를 10g(지름 2㎝) 정도씩 떼어 동그랗게 빚어요.

10 쪄낸 떡반죽을 살짝 치댄 다음 20g 정도씩 떼어요. 떡반죽 위에 소를 넣고 동글동글하게 빚어요.

11 빚은 떡에 코코넛가루를 고루 묻혀요.

12 가운데를 호박씨와 사과정과로 장식해요.

쑥굴레

Mugwort gulre

쑥굴레, 쑥구리, 쑥굴리단자 등 다양한 이름으로 불려요.
쑥굴레를 만드는 방법은 여러 가지가 있지만
기본적으로 쑥 반죽 안에 소를 넣고 동그랗게 빚어서
짧은 시간 안에 쪄내요.
지역에 따라 찌지 않고 경단처럼 삶아서
만들기도 한답니다.

15개　쑥쌀가루 **찹쌀가루** 3컵, **삶은 쑥** 35~45g, **소금** 1큰술
뜨거운 물 3~4큰술　**소** 거피팥고물 1컵(20쪽 참고), **대추** 5개, **호두 분태** 한 줌, **꿀** 2~3큰술　**고물** 거피팥고물 1컵

〈쑥쌀가루 만들기〉

1 쑥은 줄기 부분은 질겨서 잎
만 사용해요. 줄기 부분은 잘
라 버려요.

2 끓는 물에 소금 1큰술을 넣어
요. 소금을 넣고 삶으면 쑥의
색이 진해져요.

3 쑥을 넣고 삶아요. 손으로 쑥
을 비볐을 때 잎이 뭉개지도록
삶아야 해요.

4 삶은 쑥은 체에 밭쳐 찬물에
헹궈 물기를 꽉 짜요.

5 물기를 짠 쑥은 칼로 다지거나
믹서에 곱게 갈아요.

6 쌀가루에 다진 쑥을 넣고 섞어
쑥쌀가루를 만들어요.

TIP　• 삶은 쑥과 불린 쌀을 방앗간(떡집)에 가져가서 함께 빻아서 쑥쌀가루를 만들어도 됩니다.

　• 삶은 쑥은 다음 해 쑥이 나올 때까지 1년간 냉동 보관하며 사용해요.

7 6의 쑥쌀가루에 뜨거운 물을 넣고 고루 섞어 익반죽해요. 찹쌀가루는 익히고 나면 늘어나기 때문에 조금 되직하게 반죽해요.

8 볼에 거피팥고물, 돌려깎기 해서 다진 대추, 호두, 꿀을 넣고 되직하게 섞어 소를 만들어요.

9 소는 10g(지름 2㎝), 반죽은 25g(지름 3.5㎝) 정도씩 떼어 동그랗게 빚어요.

10 반죽을 동글납작하게 펴고 소를 넣어 오므려요.

11 찜기에 시루밑을 깔고 거피팥고물을 바닥에 깐 다음 그 위에 10을 서로 붙지 않게 넣어요.

12 김이 오른 물솥에 찜기를 올려 5~7분간 찐 다음 떡 표면에 거피팥고물을 고루 묻혀요.

TIP

• 피가 얇고 소를 많이 넣은 찰떡 종류는 오래 찌면 반죽이 퍼져요. 5~7분만 쪄도 충분히 익어요.

• 떡이 식으면 고물이 잘 묻지 않으니 뜨거울 때 묻히거나 떡에 꿀을 바르고 고물을 묻혀요.

수수부꾸미

Sorghum bukkumi

12~15개   **찰수수가루** 2컵(17쪽 참고), **찹쌀가루** 1컵, **뜨거운 물** 5큰술,
팥앙금(시판) 1컵, **식용유** 적당량, **설탕** 2큰술

안에 소를 넣고 접는 것을 부꾸미라고 해요.
수수부꾸미는 찰수수가루와 찹쌀가루를 익반죽하여 동글납작하게 빚어
지지다가 팥앙금을 넣고 반달 모양으로 접어 지진 떡이에요.

1 찰수수가루와 찹쌀가루를 고루 섞고 뜨거운 물을 넣어 익반죽을 해요.

2 팥앙금은 15g(지름 2.5㎝) 정도씩 떼어 약간 길쭉하게 빚어요.

3 반죽은 20g(지름 3㎝) 정도씩 떼어 동그랗게 빚어요.

4 동그랗게 빚은 반죽을 동글납작하게 펴줘요.

5 달군 팬에 기름을 두르고 반죽을 올려 지져요.

6 반죽 테두리가 말갛고 투명하게 익은 게 보이면 뒤집은 다음 팥앙금을 올려요.

7 반죽의 뒷면이 어느 정도 익으면 반달 모양이 되게 반으로 접어요.

8 접시에 설탕을 얇게 뿌리고 익은 수수부꾸미를 올려요. 설탕은 떡이 접시에 붙지 말라고 묻히는 거예요.

Part 3

계절 따라
나이 따라
전통 떡

무지개떡
쑥버무리
녹두고구마설기
석탄병
잡과병
팥시루떡
증편
복숭아송편 & 호박송편
수수팥경단
대추단자
진달래화전
약식
물호박편

무지개떡

Mujigaetteok

무지개떡은 주로 아이 돌상에 올리는 떡이에요.
아기의 미래가 무지개처럼 활짝 펴라는 뜻이
담겨 있다고 해요.
맛이 담백해서 돌상이 아니더라도
평상시에 간식으로 즐기기에도 좋아요.

원형 무스링 1호 **멥쌀가루** 5컵, **물** 4큰술, **설탕** 5큰술
단호박가루 ½큰술, **녹차가루** ½큰술, **코코아가루** ½큰술, **딸기물**(물 1큰술, 딸기향가루 ½큰술)

1 세 개의 볼에 쌀가루를 1컵씩 나눠 담고 각각의 볼에 녹차가루, 단호박가루, 코코아가루를 넣어요.

2 세 개의 볼에 물 1큰술씩 넣고 고루 섞어요.

3 물 1큰술에 딸기향가루를 넣고 섞어 딸기물을 만들어요. 볼에 쌀가루 1컵, 딸기물을 넣고 섞어요. 또 다른 볼에 쌀가루 1컵, 물 1큰술을 넣고 고루 섞어요.

4 2~3의 쌀가루를 체에 두 번씩 내려요.

5 체에 내린 각각의 쌀가루에 설탕 1큰술씩 넣고 고루 섞어요.

6 찜기에 시루밑을 깔고 무스링을 넣어요. 쌀가루는 짙은 색에서 밝은 색 순으로 안쳐요.

7 윗면을 스크래퍼로 평평하게 정리해요.

8 떡은 익으면 단면이 예쁘게 잘리지 않으므로 찌기 전에 자를 대고 칼을 수직으로 세워 칼금을 그어요.

9 김이 오른 물솥에 찜기를 올려 20분간 찌고, 5분간 뜸 들인 다음 무스링을 빼요.

10 뜸을 들인 떡은 한 김 식히고 칼금을 그은 곳을 떼어 보면 단면이 깔끔하게 잘린 걸 확인할 수 있어요.

TIP 가루 재료를 넣었을 때 수분량 조절하기

보통 설기떡은 멥쌀가루 1컵에 물 1큰술을 넣어 반죽하지만 단호박가루나 녹차가루 등을 넣는 경우에는 수분이 조금 더 필요해요. 가루의 건조 상태나 계절과 날씨의 습도에 따라 조금씩 달라서 정확히 계량하기는 어렵지만 약 1작은술 내외로 더 넣어주세요.

떡을 예쁘게 자르기 위해 칼금 긋기

떡을 예쁘고 깔끔하게 자르려면 떡을 찌기 전에 칼금을 그어야 해요. 칼을 수직으로 세워 자를 대고 흔들리지 않게 자르면 단면이 예쁘게 나와요. 떡 속에 필링이나 견과류가 들어 있으면 칼로 자를 수 없기 때문에 아무것도 넣지 않은 설기만 가능해요. 즉, 백설기, 무지개떡은 가능하고, 콩설기처럼 콩이 들어 있으면 콩을 치고 돌아다녀 칼금을 그을 수 없어요.

향긋한 쑥 향기가 폴폴 나는 쑥버무리.
쑥을 좋아하면 쑥과 쌀가루를 반반씩 넣고 해 먹어도 좋고,
쑥과 함께 팥이나 콩, 호박고지(단호박이나 늙은 호박 말린 것)를 넣고
만들어도 맛있어요.

쑥버무리

Mugwort beomuri

 멥쌀가루 5컵, **물** 4큰술, **설탕** 5큰술, **쑥** 두 줌

1 쑥은 질긴 줄기와 시든 잎을 다듬고 깨끗이 씻어요.

2 쌀가루에 물을 넣고 고루 섞은 다음 체에 한 번 내려요. 쑥이 익으면서 수분이 나오기 때문에 보통 설기보다 물의 양을 줄였어요.

3 쌀가루에 쑥을 넣고 버무려요.

4 설탕을 넣고 고루 섞어요.

5 찜기에 시루밑을 깔고 무스링을 넣은 다음 4의 쌀가루를 안쳐요. 무스링이 없으면 시루밑 위에 쌀가루를 한 줌씩 쥐어 안쳐도 돼요.

6 김이 오른 물솥에 찜기를 올려 20분간 찌고, 5분간 뜸 들인 다음 무스링을 빼요.

녹두고구마설기

Mung beans sweet potato sulgi

사각 무스링 1호 | **멥쌀가루** 5컵, **물** 5큰술, **설탕** 6큰술
녹두고물 2컵(18쪽 참고), **고구마** 1개(중간 크기)

포실포실하고 노란 녹두고물을 위아래에 넣고 찌어 보기에 좋고
설탕에 버무린 고구마의 달콤한 맛이 좋아요.
고구마 대신 늙은 호박이나 단호박을 넣고 만들어도 맛있어요.

1 고구마는 굵게 채썰어 설탕 1큰술을 넣고 버무려요.

2 쌀가루에 물을 넣고 고루 섞은 다음 체에 한 번 내려요.

3 쌀가루에 설탕 5큰술, 1의 설탕에 버무린 고구마를 넣고 섞어요.

4 찜기에 시루밑을 깔고 무스링을 넣은 다음 녹두고물을 바닥이 보이지 않도록 깔아요.

5 3의 고구마를 섞은 쌀가루를 안쳐요.

6 쌀가루 윗면을 스크래퍼로 평평하게 정리해요.

7 다시 녹두고물을 안친 다음 김이 오른 물솥에 올려 20분간 찌고, 5분간 뜸 들이고 무스링을 빼요.

석탄병

Seoktanbyeong

원형 무스링 1호 **멥쌀가루** 5컵, **물** 4큰술, **꿀** 2큰술, **설탕** 4큰술, **감가루**(시판) ½컵, **계핏가루** 1작은술
생강가루(시판) 1작은술, **잣** 3큰술, **대추** 8개, **밤** 5개, **유자 절임**(유자 다진 것) 1큰술, **녹두고물** 2컵(18쪽 참고)

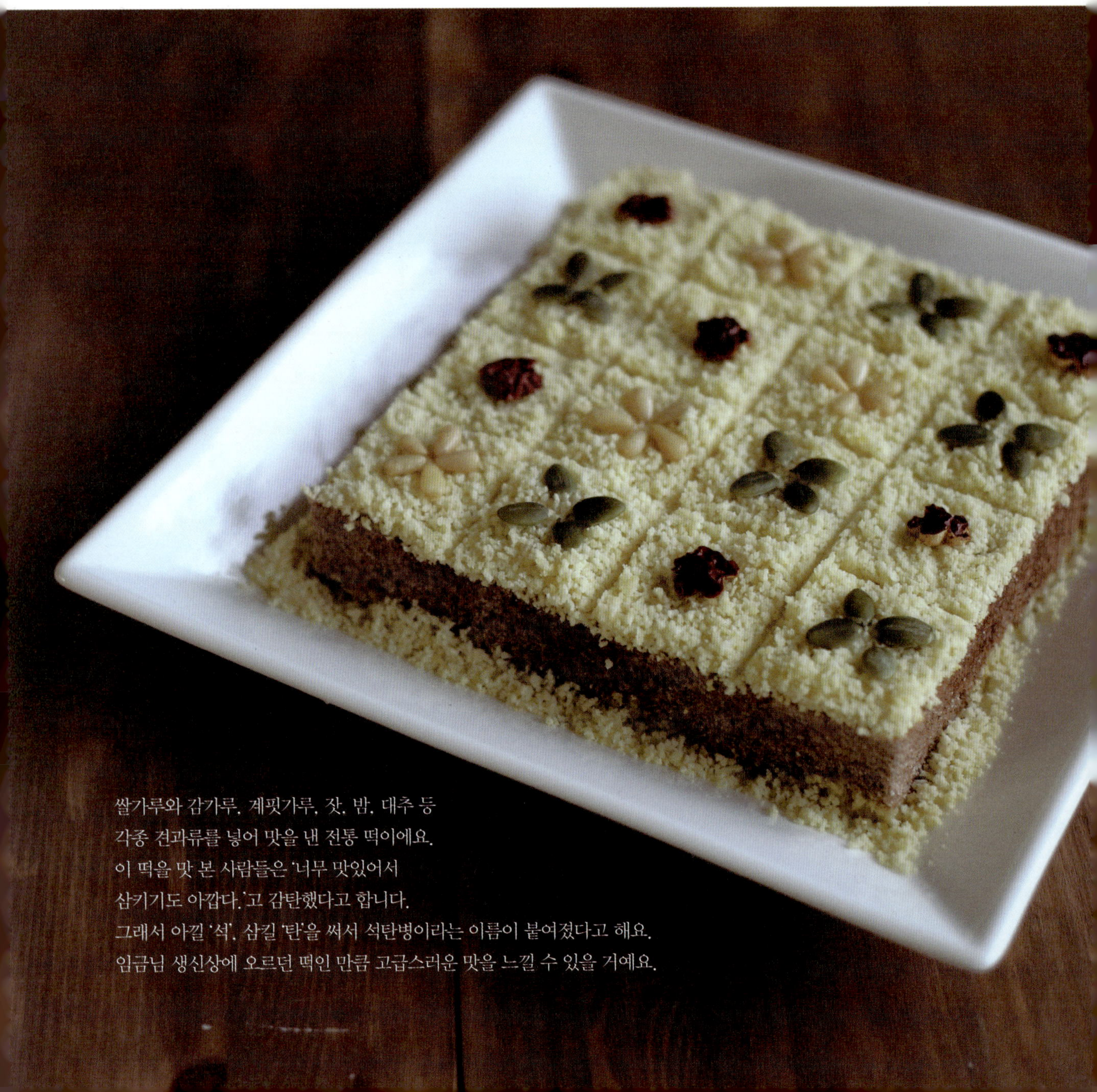

쌀가루와 감가루, 계핏가루, 잣, 밤, 대추 등
각종 견과류를 넣어 맛을 낸 전통 떡이에요.
이 떡을 맛 본 사람들은 '너무 맛있어서
삼키기도 아깝다.'고 감탄했다고 합니다.
그래서 아낄 '석', 삼킬 '탄'을 써서 석탄병이라는 이름이 붙여졌다고 해요.
임금님 생신상에 오르던 떡인 만큼 고급스러운 맛을 느낄 수 있을 거예요.

1 도마 위에 키친타월을 깔고 고깔을 떼어 낸 잣을 놓고 칼로 다져 잣가루를 만들어요(잣가루 3큰술).

2 밤은 껍질을 벗겨 8등분으로 자르고, 대추는 씨를 제거해 6~8등분 하고, 유자 건지는 잘게 다져요.

3 쌀가루에 감가루, 계핏가루, 생강가루를 넣고 고루 섞어요.

4 3에 물, 꿀을 넣고 섞은 다음 체에 두 번 내려요.

5 체에 내린 쌀가루에 1~2에서 준비한 재료, 설탕을 넣고 고루 섞어요.

6 찜기에 시루밑을 깔고 무스링을 넣은 다음 녹두고물을 바닥이 보이지 않도록 깔아요.

7 녹두고물 – 5의 쌀가루 – 녹두고물 순으로 안쳐요. 20분간 찌고, 5분간 뜸 들인 다음 무스링을 빼요.

쌀가루에 밤, 대추, 곶감, 호두 등 여러 가지 견과류를 섞어 넣고 찌는 떡으로
여러 가지 과일을 섞는다는 뜻에서 잡과(雜果)라는 이름이 붙여졌다고 해요.
유자청의 상큼함과 톡톡 씹히는 견과류가 어우러져 식감, 맛, 영양 모두 좋아요.

잡과병
Japgwabyeong

원형 무스링 1호 | **멥쌀가루** 5컵, **캐러멜시럽** 1큰술(23쪽 참고), **유자청** 1큰술, **꿀** 2큰술, **물** 2큰술, **설탕** 3큰술
밤 5개, **대추** 5개, **곶감** 2개, **호두 분태** 한 줌, **잣** 1큰술

1 대추와 곶감은 씨를 제거하고, 밤은 껍질을 벗긴 다음 잘게 썰어요.

2 잣은 고깔을 떼어내고, 호두는 끓는 물에 살짝 데쳐 쓴맛을 제거해요.

3 캐러멜시럽, 유자청, 꿀, 물을 고루 섞은 다음 5큰술을 쌀가루에 넣고 섞어요.

4 쌀가루는 체에 두 번 내려요.

5 쌀가루에 1~2에서 준비한 재료, 설탕을 넣고 섞어요.

6 찜기에 시루밑을 깔고 무스링을 넣어요. 쌀가루를 소복이 안쳐 김이 오른 물솥에 찜기를 올려 20분간 찌고, 5분간 뜸 들이고 무스링을 빼요.

제가 어렸을 때만 해도 동네에 누군가 이사를 오거나 신장개업을 하면
으레 팥시루떡을 이웃들에게 돌리며 인사를 했어요.
팥시루떡은 만들기 쉽고, 누구나 좋아하니 만들어서 이웃들과 정을 나눠 보세요.

팥시루떡

Red beans sirutteok

 멥쌀가루 3컵, **찹쌀가루** 2컵, **물** 4큰술, **설탕** 5큰술, **팥고물** 3컵(19쪽 참고)

1 19쪽을 참고하여 팥고물을 준비해요.

2 멥쌀가루와 찹쌀가루를 섞고 물을 넣어 고루 비벼요.

3 쌀가루는 체에 한 번 내려요.

4 체에 내린 쌀가루에 설탕을 넣고 고루 섞어요.

5 찜기에 시루밑을 깔고 무스링을 넣은 다음 팥고물 – 쌀가루 – 팥고물 순으로 안쳐요.

6 김이 오른 물솥에 찜기를 올려 25분간 찌고, 5분간 뜸 들이고 무스링을 빼요.

TIP

- 팥시루떡은 멥쌀가루로 만들어도 되고, 찹쌀가루로 만들어도 상관없어요. 찹쌀가루와 멥쌀가루를 섞으면 멥쌀의 부드러움과 찹쌀의 쫄깃함이 어우러져 떡이 더 맛있어요.

- 떡 케이크나 무스링 같은 틀을 사용하는 떡은 찌기 시작한 후 5분 정도 지나서 틀을 빼주면 무스링이랑 떡이 닿는 부분에 하얗게 날가루가 날리지 않아서 좋아요. 하지만 초보자의 경우 익숙하지 않아 틀을 잘못 건드리면 떡에 금이 갈 수도 있으니 뜸을 들인 후에 무스링을 빼도 됩니다.

증편

Jeungpyun

미니 타르트틀 20개 **멥쌀가루** 6컵, **물** ¾컵, **막걸리** ¾컵, **설탕** 100g, **식용유** 약간
고명 **대추채**, **잣**, **호박씨** 약간씩

쌀가루에 막걸리와 설탕을 섞어서 만드는 엄청 간단한 떡이지만 발효 시간이 무려 7시간이나 걸려요.
하지만 다양한 모양으로 만들 수 있어 만드는 재미가 있어요.
떡이 잘 쉬는 여름에 해 먹는 떡으로 상온에 꺼내 놓아도 뽀송뽀송한 식감이 며칠간 그대로예요.

1 물을 50도 정도로 데워 설탕을 넣어 녹인 다음 막걸리를 넣고 섞어요.

2 쌀가루는 체에 한 번 내린 다음 1을 넣고 고루 섞어요.

3 2의 반죽에 랩을 씌워 따뜻한 곳(여름에 에어컨을 켜지 않은 실온에 둡니다. 35도 정도가 적정 온도)에서 4시간 정도 1차 발효를 시켜요.

4 1차 발효된 반죽을 잘 저어 공기(이산화탄소)를 빼고 다시 랩을 씌워 2시간 정도 2차 발효를 시켜요.

5 2차 발효된 반죽을 잘 섞어 공기를 빼고 다시 랩을 씌워 1시간 정도 3차 발효를 시켜요.

6 틀에 기름을 고루 발라요. 3차 발효된 반죽을 잘 섞어 공기를 빼고 틀에 80% 정도 채워 찜기에 넣어요.

7 반죽 위에 고명으로 장식하고 김이 오른 물솥에 찜기를 올려 약불에서 5분, 센불에서 10분, 약불에서 5분간 쪄요.

8 쪄낸 증편은 이쑤시개를 이용해서 빼고, 떡 윗면에 식용유를 살짝 발라요.

TIP

증편은 증편틀이나 미니 타르트틀을 이용해서 만들어요. 미니 타르트틀은 증편틀보다 크기가 크기 때문에 모양을 내기 좋아요.

복숭아송편 & 호박송편

Peach songpyeon &
Pumpkin songpyeon

호박송편, 복숭아송편이라고도 하지만
과일병이라고도 불러요.
추석에 다양한 과일 모양의 송편을
만들어 먹기도 했다고 해요.
송편은 지방색이 있어 지역별로 모양이 조금씩 다른데
강원도는 주먹 모양으로 만들기도 한답니다.

20~25개 **쑥반죽** 멥쌀가루 1컵, **쑥가루** 1작은술, **끓는 물** 2큰술
단호박반죽 멥쌀가루 2컵, **단호박가루** 2작은술, **끓는 물** 4큰술
딸기반죽 멥쌀가루 2컵, **딸기물**(끓는 물 4큰술, 딸기향가루 1작은술)
송편소 녹두고물 2컵(18쪽 참고), **설탕** 1큰술, **꿀** 1큰술(취향에 따라 조절)
참기름 1큰술, **식용유** 1큰술

1 볼에 녹두고물, 설탕, 꿀을 넣고 고루 섞어 송편소를 만들어요.

2 끓는 물에 딸기향가루를 넣고 녹여 딸기물을 만들어요. 딸기향가루는 당분이 있어 끈적거리므로 미리 물에 풀어주는 게 좋아요.

3 세 개의 볼에 분량의 쑥반죽, 단호박반죽, 딸기반죽 재료를 넣어요.

4 3의 쌀가루가 한 덩어리가 되도록 치대요.

5 반죽을 밤알 크기로 떼어 동그랗게 빚고 가운데를 오목하게 만들어 소를 넣고 오므려요.

6 소를 넣은 반죽은 손으로 꽉 쥐어 공기를 빼요. 공기를 빼지 않으면 송편이 익다가 터질 수도 있어요.

7 공기를 뺀 딸기반죽을 동그랗게 빚어요. 숟가락을 이용해 반죽 가운데에 위아래로 금을 긋고 윗부분을 뾰족하게 다듬어 복숭아 모양을 내요.

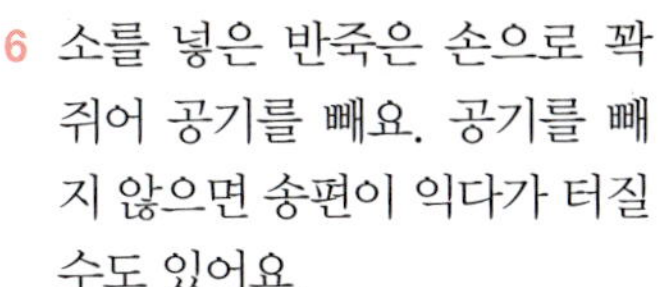
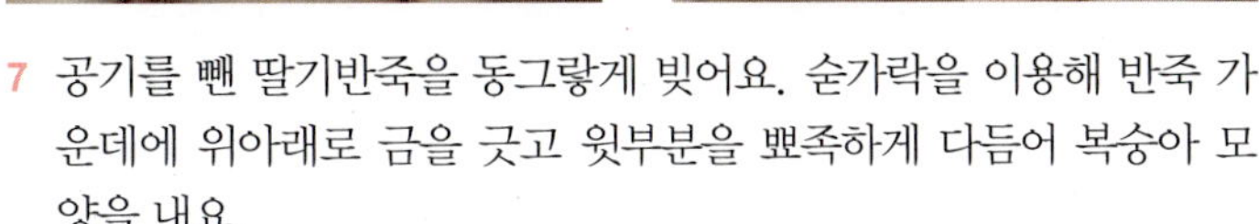

8 공기를 뺀 단호박반죽을 동그랗게 빚어 숟가락으로 8등분으로 금을 그어 호박 모양을 내요.

9 쑥반죽은 밀대로 얇게 밀어 이파리 모양의 고명틀로 찍어 복숭아송편에 붙여요. 쑥반죽을 조금씩 떼어 호박송편에 꼭지를 달아요.

10 찜기에 시루밑을 깔고 송편을 안친 다음 김이 오른 물솥에 올려 20분간 쪄요. 식용유와 참기름을 1:1로 섞어 떡에 발라요.

TIP 송편소는 녹두고물 외에도 다양하게 이용할 수 있어요. 밤을 잘게 썰어 설탕에 버무렸다가 넣으면 남녀노소 누구나 좋아하는 밤송편이 됩니다. 또 풋콩에 소금을 약간 넣고 버무려 넣으면 담백해요.

수수팥경단

Sorghum red bean gyeongdan

15~20개 **찹쌀가루** 2컵, **찰수수가루** 1컵(17쪽 참고), **설탕** 1큰술, **뜨거운 물** 6큰술, **소금** 1작은술
팥고물 2컵(19쪽 참고)

수수경단은 평상시에는 많이 먹지 않고
아이 백일 때부터 10살이 될 때까지 생일상에 올렸다고 해요.
붉은 팥고물이 나쁜 기운이나 잡귀를 막아준다는 뜻이 담겨 있다고 해요.

1 쌀가루와 수수가루를 고루 섞
은 다음 설탕을 넣고 섞어요.

2 1에 뜨거운 물을 넣고 익반죽해
요.

3 반죽을 밤알 크기로 떼어 동그
랗게 빚어요.

4 끓는 물에 소금을 넣고 3의 반
죽을 넣어 끓여요.

5 반죽이 떠오르면 찬물을 붓고
다시 떠오를 때까지 끓여요.

6 반죽이 다시 떠오르면 건져서
차가운 물에 헹궈요.

7 물기를 뺀 삶은 떡에 팥고물을
고루 묻혀요.

대추단자

Jujube danja

 찹쌀가루 5컵, **대추고** 5큰술(22쪽 참고), **설탕** 3큰술, **대추채** 1컵, **식용유** 적당량

드라마 '대장금'에서 장금이가 사랑하는 종사관 나리께 마음을 담아 선물했던 대추단자예요.
대추채, 꿀의 달콤한 맛과 찹쌀가루의 쫄깃한 맛이 어우러져 향긋하면서도 고급스러워요.
어르신들께 선물하기에도 좋은 떡이에요.

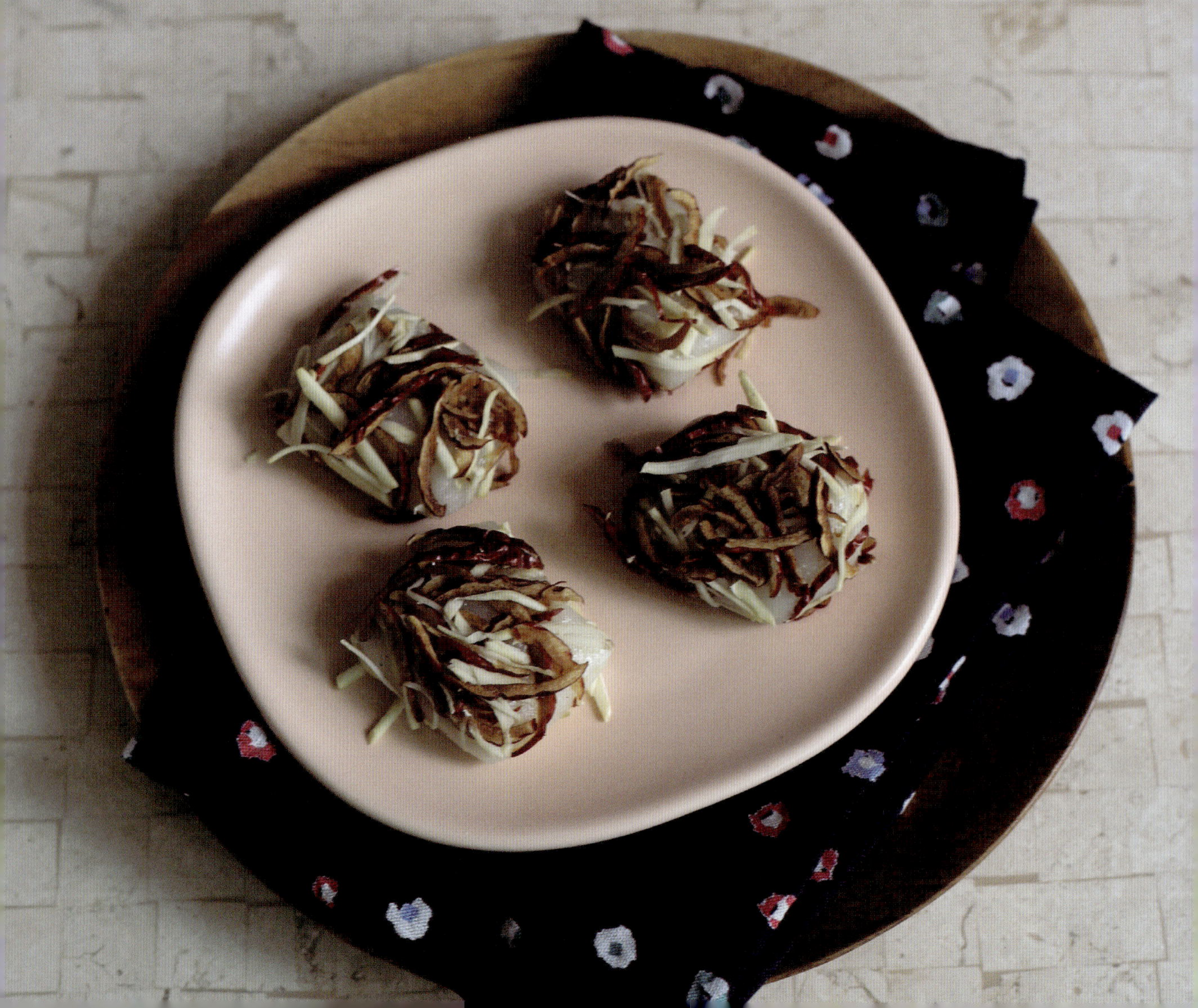

1 쌀가루에 대추고를 넣고 고루 비벼요. 만약 수분이 부족하면 물(상태에 따라 1~2큰술 정도)을 추가해도 괜찮아요.

2 대추고를 섞은 쌀가루를 체에 한 번 내려요.

3 쌀가루에 설탕 2큰술을 넣고 고루 섞어요.

4 찜기에 젖은 면보를 깔고 설탕 1큰술을 고루 뿌린 다음 3의 쌀가루를 한 움큼씩 쥐어 안쳐 20분 정도 쪄요.

5 떡이 익는 동안 대추는 돌려깎기해 곱게 채썰어요.

6 기름을 바른 볼에 쪄낸 떡반죽을 넣고 한 덩어리가 되도록 5분 정도 방망이로 쳐요.

7 도마에 기름을 조금 바르고 6의 떡반죽을 1㎝ 두께로 넓게 펼친 다음 한입 크기로 잘라요. 떡에 식용유를 바르고 5의 대추채를 고루 묻혀요.

진달래화전

Azalea hwajeon

15~20개   **찹쌀가루** 3컵, **뜨거운 물** 6큰술, **진달래꽃(또는 식용 꽃)** 20개 정도, **설탕** 적당량, **식용유** 적당량

보통 화전은 봄에는 진달래,
가을에는 국화 등 계절에 맞는 꽃 고명을 얹어서 만들어요.
요즘은 인터넷몰에서 식용 꽃을 쉽게 구입할 수 있어서
더 예쁘고 화려한 화전을 만들 수 있답니다.
꽃이 없을 때는 대추와 호박씨로 장식해도 좋아요.

1 진달래는 수술을 제거하고 꽃
잎을 손질해요.

2 손질한 진달래는 꽃잎이 상하
지 않게 조심스럽게 씻어요.

3 쌀가루에 뜨거운 물을 넣고 고
루 섞어 익반죽해요.

4 반죽은 먹기 좋은 크기(15g 정
도)로 떼어 동글납작하게 빚
어요.

5 아주 약불로 달군 팬에 기름
을 두르고 4의 반죽을 올려요.
반죽의 옆면이 말갛게 익으면
뒤집어요.

6 뒤집은 반죽 위에 진달래꽃을
올려요.

7 떡이 노르스름하고 투명해지
면 접시에 설탕을 뿌리고 화
전을 옮겨 담아요. 설탕은 떡
이 접시에 붙지 말라고 묻히
는 거예요.

TIP

- 꽃을 구하기 어려운 계절에는 대추꽃이나 호박씨를 이용하세요. 찹쌀반죽
  위에 대추꽃과 호박씨로 장식해서 팬에 올려 익혀요.
- 요즘은 인터넷몰에서 식용 꽃을 쉽게 구입할 수 있어 식용
  꽃을 이용해서 만들기도 해요. 만드는 방법은 진달래화전
  과 동일하고 진달래 대신 식용 꽃을 올려 만들어요.

약식

Yaksik

30cm 찜기 1개　**찹쌀** 5컵, **소금물**(물 ½컵, 소금 ½큰술), **황설탕** 1컵, **참기름** 3큰술, **진간장** 3큰술
계핏가루 1작은술, **캐러멜시럽** 3큰술(23쪽 참고), **설탕** 1큰술, **밤** 10개, **대추** 15개, **잣** 2큰술, **꿀** 1큰술

신라 소지왕 때 정월 대보름날에 재앙을 미리 알려준 까마귀에게
은혜를 갚기 위해 찰밥을 지어 먹였다고 해요.
약식은 밤과 대추를 넣고 만들어 아침밥, 아이 간식으로도 좋아요.
저희 딸은 만들어 주면 대추랑 밤만 골라 먹으면서도 아주 좋아해요.

1 잣은 고깔을 떼어요. 밤과 대추는 4~6등분으로 자르고 설탕 1큰술을 넣어 버무려요.

2 찹쌀은 씻어서 최소 3시간 이상 불려 물기를 빼요. 찜기에 젖은 면보를 깔고 찹쌀을 안쳐 40분간 쪄요. 쌀을 안칠 때 가운데에 움푹하게 구멍을 내면 김이 잘 올라와 고루 쪄져요.

3 찌는 도중에 소금물을 두 번에 나눠 고루 뿌리고 주걱으로 잘 저어요.

4 볼에 쪄낸 찹쌀을 붓고 뜨거울 때 황설탕을 넣어 주걱으로 자르듯이 고루 섞어요. 이때 주걱을 세워서 섞어야 밥풀이 으깨지지 않아요.

5 참기름, 진간장, 계핏가루, 캐러멜시럽을 넣고 고루 섞어요.

6 밤과 대추를 넣어 섞고 면보를 씌워 찰밥 속까지 간이 충분히 배도록 상온에 2시간 이상 둬요.

7 2시간 후 찜기에 젖은 면보를 깔고 6을 넣고 30분간 찌고, 5분간 뜸 들여요. 찌는 도중에 잘 익도록 주걱으로 한 번 저어요.

8 볼에 7을 붓고 뜨거울 때 꿀과 잣을 넣고 고루 섞어요.

9 미니 무스링이 있으면 틀에 한 번 먹을 분량씩 넣어 모양을 내요. 틀이 없으면 사각 밀폐용기에 넣고 굳힌 다음 먹기 좋게 잘라요.

물호박편

Old pumpkin seolgi

사각 무스링 2호 · **멥쌀가루** 6컵, **물** 6큰술, **설탕** 6큰술, **거피팥고물** 2컵(20쪽 참고)
물호박(늙은 호박) 250g 정도

물호박, 청둥호박, 늙은 호박 모두 같은 말이에요.
물호박은 11~12월이 제철이에요.
호박죽을 쑤면서 물호박편을 같이 만들면 좋아요.
물호박편은 단호박설기에 비해 더 촉촉하고
고물을 위아래 모두 깔아서 더 부드럽답니다.

1 물호박은 다듬어 5mm 두께로 썰어 설탕 1큰술을 넣고 버무려요.

2 쌀가루에 물을 넣고 섞어요.

3 쌀가루는 체에 두 번 내려요.

4 볼에 3의 쌀가루 4컵, 1의 물호박, 설탕 5큰술을 넣고 고루 섞어요.

5 찜기에 시루밑을 깔고 무스링을 넣어요. 거피팥고물을 깔고 그 위에 3의 쌀가루 1컵을 안쳐요.

6 4의 물호박을 섞은 쌀가루를 안쳐요.

7 다시 3의 쌀가루 1컵을 안치고 스크래퍼로 평평하게 정리해요.

8 거피팥고물을 안치고 20분간 찌고, 5분간 뜸 들이고 무스링을 빼요.

Part 4

선물하기 좋은
떡 &
떡 케이크

키티설기
크리스마스설기
약편
쌈떡
검은깨구름떡
두텁떡
흑미단자
호두밤찹쌀떡
녹차약식
유자케이크
파인애플케이크
녹차케이크
카푸치노케이크
검은깨케이크
초코케이크
오디케이크
딸기케이크

키티설기

Kitty seolgi

9개 **멥쌀가루** 3컵, **물** 3큰술, **설탕** 2.5큰술, **초코칩**(또는 버튼형 초콜릿) 적당량
머리핀 **멥쌀가루** 1컵, **물** 2큰술, **백년초가루** ½작은술

똑같은 음식도 어떻게 담아내느냐에 따라 맛이 다르게 느껴지기도 하잖아요.
백설기를 키티 모양의 실리콘틀에 넣어서 찌고,
절편에 백년초가루를 섞어 키티 머리핀을 만들었어요.
앙증맞은 키티 모양 때문에 제 딸아이가 제일 좋아하는 떡이랍니다.

1 쌀가루에 물을 넣고 섞은 다음 체에 두 번 내려요.

2 설탕을 넣고 고루 섞어요.

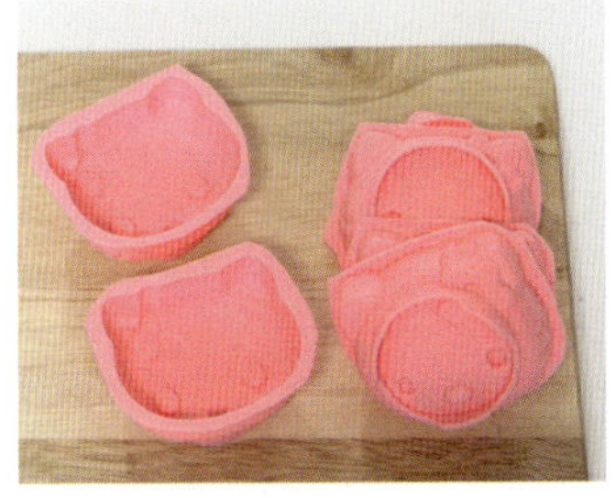

3 키티 모양의 실리콘틀을 물기 없이 준비해요.

4 실리콘틀에 2의 쌀가루를 반 정도 넣고 가운데에 살짝 홈을 파고 초코칩을 넣어요.

5 다시 실리콘틀에 쌀가루를 채우고 윗면을 평평하게 정리해요.

6 쌀가루 1컵에 물 2큰술을 넣고 치대어 머리핀용 반죽을 해요. 찜기에 시루밑을 깔고 머리핀용 반죽과 5의 실리콘틀을 안친 다음 김이 오른 물솥에 올려 20분간 쪄낸 후 실리콘틀에서 떡을 꺼내요.

7 쪄낸 머리핀용 떡반죽에 백년초 가루를 넣고 반죽해요.

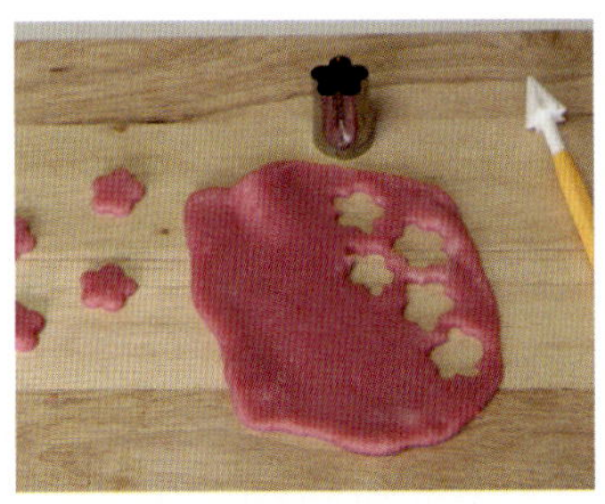

8 7의 떡반죽을 밀대로 밀어서 꽃 모양의 고명틀로 찍어요.

9 꽃 모양을 키티 머리 위에 마지팬을 이용해 붙여주고, 초코칩으로 눈을 표현해요.

크리스마스설기

Christmas seolgi

크리스마스 시즌이 되면 크리스마스 관련
캐릭터 쿠키들 많이 만드시죠?
떡으로도 만들 수 있답니다.
크리스마스트리, 양말, 진저맨
이렇게 크리스마스설기 3종 세트를 만들 거예요.
다양한 모양의 실리콘틀과 색을 내는 가루를
이용해서 응용해 보세요.

3종 세트 2개　**분홍색가루 멥쌀가루** 1컵, **동결건조 딸기가루** 1큰술, **물** 1큰술, **설탕** 1큰술
코코아색가루 멥쌀가루 1컵, **코코아가루** 1큰술, **물** 1큰술, **설탕** 1큰술
초록색가루 멥쌀가루 1컵, **녹차가루** 1큰술, **물** 1큰술, **설탕** 1큰술
노란색가루 멥쌀가루 1컵, **단호박가루** 1큰술, **물** 1큰술, **설탕** 1큰술
하얀색가루 멥쌀가루 1컵, **물** 1큰술, **설탕** 1큰술

1 작은 볼 다섯 개에 쌀가루를 1컵씩 나눠 담고 각각에 동결건조 딸기가루, 코코아가루, 녹차가루, 단호박가루를 넣고 섞어요.

2 1의 다섯 개 볼에 물 1큰술씩 넣고 고루 섞어요.

4 체에 내린 각각의 쌀가루에 설탕 1큰술씩 넣고 고루 섞어 분홍색가루, 코코아색가루, 초록색가루, 노란색가루, 하얀색가루를 만들어요.

3 2의 쌀가루를 체에 두 번씩 내려요.

5 나무 모양 실리콘틀의 나무 기둥 부분에는 코코아색가루를 넣고, 별 부분에는 노란색가루를 넣은 다음 초록색가루를 실리콘틀에 가득 채워요.

6 양말 모양 실리콘틀의 양말 목, 앞꿈치, 뒤꿈치 부분에 하얀색가루를 넣고, 나머지 부분엔 분홍색가루를 넣어요.

7 진저맨 모양 실리콘틀에 코코아색가루를 넣어요.

8 실리콘틀 윗면의 쌀가루를 스크래퍼나 손으로 평평하게 정리해요.

9 찜기에 실리콘틀을 넣고 김이 오른 물솥에 올려 20분간 찌고, 5분간 뜸 들여 실리콘틀에서 떡을 꺼내요.

TIP
- 동결건조 딸기가루가 없으면 딸기향가루나 비트가루를 사용하세요.
- 베이킹용 쿠키틀이 있으면 실리콘틀 대신 쿠키틀을 이용해서 만들어도 좋아요.

약편은 '대추편'이라고도 해요.
달콤한 대추고와 대추채를 올려 대추 향이 그윽하고
막걸리를 넣어 부드럽고 촉촉한 떡이에요.
고급스러워 보여서 어르신들께 선물하기 좋아요.

약편

Yakpyeon

 멥쌀가루 7컵, **대추고** 5큰술(22쪽 참고), **막걸리** 2큰술, **설탕** 5큰술, **대추** 6개, **잣** 1큰술

1 쌀가루에 대추고와 막걸리를 넣고 고루 섞어요.

2 쌀가루를 체에 두 번 내려요.

3 쌀가루에 설탕을 넣고 고루 섞어요.

4 찜기에 시루밑을 깔고 무스링을 넣어요. 쌀가루를 안치고 윗면을 스크래퍼로 평평하게 정리해요.

5 대추는 돌려깎기해서 채썰어요. 채썬 대추와 잣을 섞어 쌀가루 위에 고루 뿌려요.

6 김이 오른 물솥에 찜기를 올려 20분간 찌고, 5분간 뜸 들이고 무스링을 빼요.

쌈떡

Ssamtteok

12~15개 **멥쌀가루** 3컵, **물** 6큰술, **백년초가루** 1작은술
앙금(시판) 150g(팥앙금이나 백앙금 모두 좋아요), **식용유** 1큰술, **참기름** 1큰술, **잣** 약간

마치 보자기로 소중한 물건을 감싸듯 떡으로 팥앙금을 감싼 '쌈떡'이에요.
한입에 쏙 들어가는 앙증맞은 크기에 달콤한 앙금이 들어 있어 먹기 좋고,
모양도 예뻐 선물하기에 좋답니다.

1 쌀가루에 물을 넣고 고슬고슬하게 비벼 쌀가루를 소보로처럼 뭉치도록 만들어요.

2 찜기에 시루밑(면보)을 깔고 1의 쌀가루를 안친 다음 김이 오른 물솥에 올려 20분 정도 쪄요. 이때 뜸을 들이면 반죽이 질겨져서 뜸은 들이지 않아요.

3 쪄낸 떡반죽은 한 덩어리가 되도록 치대요. 처음에는 반죽이 뜨거우니 장갑을 끼고 치대요.

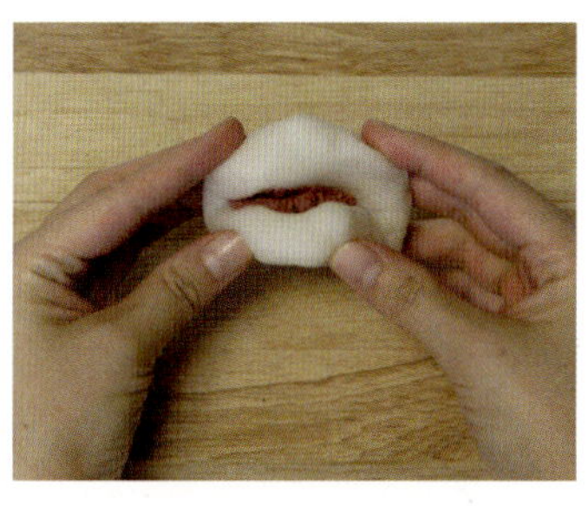

4 치댄 떡반죽에 백년초가루를 넣고 반죽해요. 백년초가루는 열을 가하면 색이 날아가기 때문에 익힌 반죽에 넣어 섞어야 해요. 장식용 꽃을 만들 하얀반죽을 조금만 남겨둬요.

5 반죽을 밀대로 밀어요. 반죽의 두께는 2~3mm 정도가 적당해요.

6 얇게 민 반죽을 사각틀로 잘라주거나 스크래퍼로 사방 6~7cm 크기로 잘라요.

7 사각형 반죽 위에 앙금을 올리고 네 귀퉁이를 들어 올려 모양을 잡아요.

8 남겨둔 하얀반죽을 밀대로 밀어 꽃 고명틀로 찍고 7의 떡 위에 붙인 다음 가운데에 잣을 꽂아 꽃 수술을 표현해요.

9 식용유와 참기름을 1:1로 섞어 떡에 발라요.

검은깨구름떡

Black sesame gureumtteok

떡을 잘랐을 때 그 단면이 하늘에 구름이 흘러가는
모습 같다고 해서 붙여진 이름이에요.
검은깨고물을 넣어 만들었는데,
기호에 따라 녹차가루나 청태콩가루를
고물로 이용해도 좋아요.

구름떡틀(7×20×4cm) 1개 **찹쌀가루** 6컵, **물** 4큰술, **설탕** 6큰술, **밤** 5개, **대추** 10개
호두 분태 한 줌(25g), **호박씨** 한 줌(25g), **검은깨고물** 1컵(21쪽 참고), **꿀**(또는 설탕시럽) 약간

1 밤은 껍질을 벗겨 8등분 하고, 대추는 돌려깎기해서 잘게 잘라요.

2 쌀가루에 물을 넣고 고루 비벼 준 다음 체에 한 번 내려요.

3 쌀가루에 잘게 썬 밤과 대추, 호박씨, 호두를 넣고 고루 섞어요.

4 쌀가루에 설탕 5큰술을 넣고 고루 섞어요.

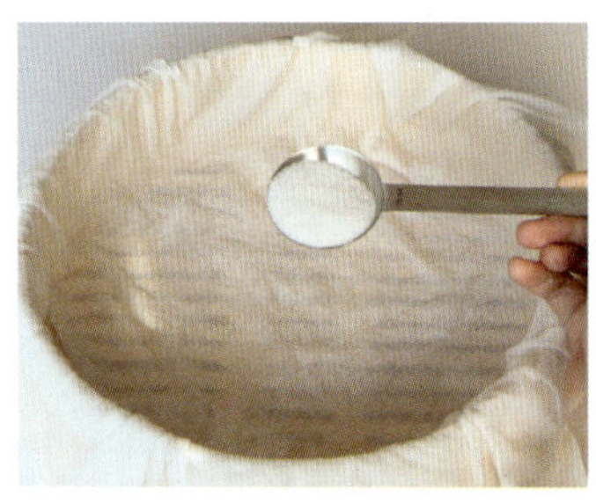

5 찜기에 젖은 면보를 깔고 떡이 잘 떨어지도록 설탕 1큰술을 고루 뿌려요.

6 4의 쌀가루를 한 움큼씩 쥐어 찜기에 안치고 김이 오른 물솥에 올려 20분간 쪄요.

7 구름떡틀 안쪽에 랩을 깔아요. 구름떡틀이 없으면 베이킹용 사각틀이나 사각형 용기를 이용하세요.

8 쪄낸 떡반죽을 떼어 검은깨고물을 앞뒤로 고루 묻힌 다음 틀에 꾹꾹 눌러 담아요.

9 8의 떡 윗면에 꿀(또는 설탕시럽)을 발라요.

10 8~9번 과정을 반복해 떡을 차곡차곡 쌓아 구름떡틀에 가득 채워요.

11 구름떡틀에 랩을 씌워 냉동실에서 1시간 정도 굳혀요.

12 굳힌 떡은 8㎜ 두께로 썰어 낱개 포장해요.

두텁떡

Duteoptteok

봉긋한 봉우리 모양을 닮았다고 해서
'봉우리떡'이라고도 불리는 두텁떡은
예로부터 임금님께 진상하던 귀한 음식이에요.
요즘은 보기도 힘들고 맛보기도 어려운 떡이니만큼
조금 번거롭더라도 정성스레 만들어
부모님이나 소중한 분에게 선물해 보세요.
임금님이 드시던 귀한 떡이라는 것도 넌지시
알려드리세요.

30㎝ 찜기 1개 | **고물** 거피팥고물 5컵(20쪽 참고), **진간장** 1.5큰술, **설탕** 5큰술, **계핏가루** ½작은술
소 거피팥고물 1컵, **밤** 3개, **대추** 5개, **잣** 1큰술, **호두 분태** 한 줌, **유자 절임** 1큰술, **꿀** 1큰술, **계핏가루** ½작은술
떡 찹쌀가루 5컵(소금간 안 된 것), **진간장** 1.5큰술, **꿀** 3큰술, **설탕** 3큰술

〈고물 만들기〉

1 볼에 분량의 고물 재료를 넣고 고루 섞어요.

2 기름을 두르지 않은 팬에 1을 넣고 볶아요. 이때 고물을 꾹꾹 눌러가며 뒤집어주면 고물이 부드러워져요. 팬에 고물이 묻지 않으면 알맞게 볶아진 상태예요. 볶은 고물은 한 김 식혀 체에 한 번 내려요.

〈소 만들기〉

3 잣은 고깔을 떼고, 밤, 대추, 호두, 유자 절임은 모두 잘게 썰어요.

4 볼에 거피팥고물과 3, 계핏가루를 넣고 섞어요. 꿀을 조금씩 넣어가며 농도 조절을 하면서 소를 만들어요.

5 4의 소를 지름 2㎝ 정도로 동글납작하게 빚어요.

〈떡 만들기〉

6 쌀가루에 간장, 꿀을 넣고 고루 비벼요.

7 쌀가루는 체에 한 번 내려요.

8 쌀가루에 설탕을 넣고 고루 섞어요.

9 찜기에 젖은 면보를 깔고 2의 볶은 고물을 고루 깔아요.

10 고물 위에 8의 쌀가루를 소복하게 한 숟가락씩 떠서 안쳐요.

11 쌀가루 위에 5의 소를 올려요.

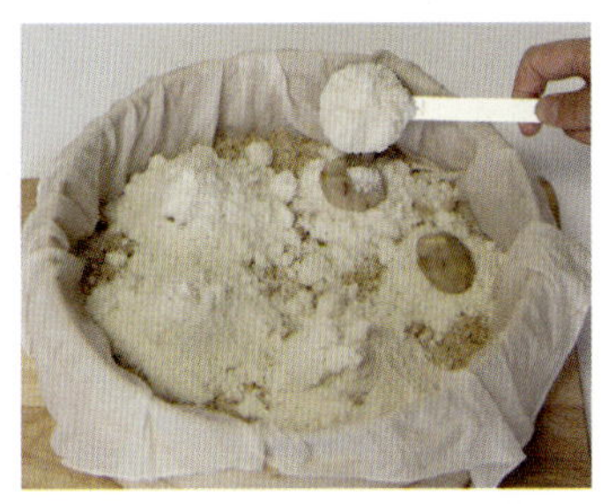

12 소 위에 8의 쌀가루를 덮어요.

13 다시 2의 고물을 덮어요.

14 10~12번 과정을 반복해요. 이때 10의 쌀가루를 안친 사이사이에 쌀가루를 안쳐요.

15 고물로 윗면을 다 덮은 다음 김이 오른 물솥에 찜기를 올려 25분간 쪄요.

흑미단자
Black rice danja

검은색 떡에 대추로 장식하고
거피팥고물을 묻혀 고급스러워 보여요.
흑미에는 항산화 · 항암 효과가 있다고 알려진
안토시아닌이 검은콩보다 4배 이상 들어 있어
체내 활성산소를 효과적으로 중화시켜 준다고 해요.
저는 찹쌀가루와 찰흑미가루를 섞어서 만들었지만
찰흑미가루로만 만들어도 괜찮아요.

15개 **찹쌀가루** 1컵, **찰흑미가루** 2컵(16쪽 참고), **물** 3큰술, **설탕** 3큰술, **거피팥고물** 2컵(20쪽 참고)
소 **거피팥고물** 1컵, **대추** 5개, **호두 분태** 한 줌, **밤** 5개, **꿀** 2큰술
장식 **대추 · 호박씨** 약간씩

1 찹쌀가루와 찰흑미가루를 고루 섞은 다음 물을 넣고 고루 섞어요.

2 쌀가루를 체에 한 번 내려요.

3 쌀가루에 설탕 2큰술을 넣고 고루 섞어요.

4 찜기에 젖은 면보를 깔고 떡이 잘 떨어지도록 설탕 1큰술을 고루 뿌려요.

5 찜기에 3의 쌀가루를 한 움큼씩 쥐어 안치고 김이 오른 물솥에 올려 20분간 쪄요.

6 기름을 바른 볼에 쪄낸 떡반죽을 넣고 한 덩어리가 되도록 5분 정도 방망이로 쳐요.

7 볼에 거피팥고물과 잘게 썬 대추, 호두, 밤을 넣어요. 꿀을 조금씩 넣어가며 농도를 조절해 소를 만들어요.

8 6의 떡반죽은 25~30g(지름 3.5~4㎝)씩 떼어 동그랗게 빚어요.

9 7의 소는 20~25g(지름 3~3.5㎝)씩 떼어 동그랗게 빚어요.

10 떡반죽을 동글납작하게 편 다음 소를 넣고 동그랗게 감싸요.

11 떡에 대추와 호박씨로 보기 좋게 장식을 해요.

12 떡의 표면에 거피팥고물을 고루 묻혀요.

호두밤찹쌀떡

Walnut chapssaltteok

15개 **찹쌀가루** 5컵, **물** 4큰술, **설탕** 5큰술, **녹말가루**(감자전분 혹은 옥수수전분) 적당량
소 **팥앙금**(시판) 300g, **호두 분태** 한 줌, **삶은 밤**(시판 맛밤) 15개

찹쌀떡소로 팥앙금과 다진 호두, 삶은 밤을 넣어 정말 고소하고 달콤해요.
게다 찹쌀떡의 쫄깃한 식감까지.
간식으로 먹기 좋고, 어르신이나 수험생에게 선물하면 너무 좋아할 거예요.

1 쌀가루에 물을 넣고 고루 섞 어요.

2 쌀가루를 체에 한 번 내린 다음 설탕 4큰술을 넣고 고루 섞어요.

3 찜기에 젖은 면보를 깔고 떡이 잘 떨어지도록 설탕 1큰술을 고 루 뿌려요.

4 2의 쌀가루를 한 움큼씩 쥐어 찜 기에 안치고 김이 오른 물솥에 올려 25분간 쪄요. 쌀가루를 평 평하게 넣는 것보다 한 움큼씩 쥐어서 안치면 더 잘 익어요.

5 기름을 바른 볼에 쪄낸 떡반죽 을 넣고 한 덩어리가 되도록 5 분 정도 방망이로 쳐요. 볼에 기름을 바르지 않으면 떡이 들 러붙어요.

6 볼에 팥앙금과 호두를 넣고 고 루 섞어요. 앙금으로 밤을 감싸 소를 만들어요.

7 떡이 붙지 않도록 도마에 녹말 가루를 살짝 뿌리고 5의 떡반죽 을 쏟은 다음 일정한 크기로 떼 어요.

8 떡반죽을 평평하게 펴고 6의 소를 넣고 감싸요.

9 찹쌀떡끼리 붙지 않도록 떡 의 표면에 녹말가루를 고루 뿌려요.

녹차약식

Green tea yaksik

30㎝ 찜기 1개 · **찹쌀** 5컵, **녹차가루** 3큰술, **밤** 10개, **대추** 10개, **잣** 2큰술, **설탕** 1큰술, **황설탕** 1컵
참기름 3큰술, **진간장** 1작은술, **계핏가루** 1작은술, **소금물**(물 ½컵 + 소금 ½큰술), **꿀** 2큰술

흔히 먹던 약식과 달리 녹차가루를 넣어 달지 않고 뒷맛이 깔끔해 특히 여자분들이 좋아하는 약식이에요.
약식은 미니 머핀틀에 넣어 만들어도 좋고, 틀이 없으면 적당한 크기로 잘라도 좋아요.

1 잣은 고깔을 떼어요. 밤과 대추는 4~6등분 하고 설탕 1큰술을 넣고 버무려요.

2 찹쌀은 씻어서 최소 3시간 이상 불려 물기를 빼요.

3 찜기에 젖은 면보를 깔고 찹쌀을 안쳐 40분 정도 쪄요. 찜기에 쌀을 안칠 때 가운데에 움푹하게 구멍을 내면 김이 잘 올라와 찹쌀이 고루 잘 쪄져요.

4 찌는 도중에 소금물을 두 번에 나눠 고루 뿌리고 주걱으로 잘 저어요.

5 볼에 쪄낸 찹쌀을 부어 뜨거울 때 황설탕을 넣고 주걱으로 자르듯이 고루 섞어요. 이때 주걱을 세워서 섞어야 밥풀이 으깨지지 않아요.

6 녹차가루를 넣고 다시 한 번 고루 섞어요.

7 참기름, 진간장, 계핏가루를 넣고 고루 섞은 다음 1의 밤과 대추를 넣어 섞어요. 면보를 씌우고 찰밥 속까지 간이 배도록 상온에서 2시간 이상 그대로 둬요.

8 찜기에 젖은 면보를 깔고 7을 안친 다음 김이 오른 물솥에 올려 30분 정도 찌고, 5분간 뜸 들여요. 잘 익도록 중간에 주걱으로 저어줘요.

9 볼에 8을 부어 뜨거울 때 꿀과 잣을 넣고 고루 섞어요. 잣은 처음부터 넣으면 양념 물이 들어 보이지 않아 마지막에 넣는 거예요.

매해 유자차를 담그는데 차로도 마시지만 떡에 더 많이 이용하는 것 같아요.
상큼한 유자가 씹혀서 맛도 식감도 좋답니다.
직접 담근 유자차가 없으면 시중에서 판매하는 유자차를 이용하세요.

유자케이크

Citron rice cake

 쌀가루 7.5컵, **설탕** 7큰술, **유자차** 5큰술(시판 제품도 괜찮아요)
치자물(물 2큰술, 치자가루 ½작은술)

1 유자차는 체에 밭쳐 건지와 청(시럽)을 분리해요.

2 유자청에 치자물을 넣고 섞어요. 치자물은 색을 내기 위해서 넣는 거예요.

3 쌀가루에 2를 7큰술 넣고 고루 섞어 체에 두 번 내려요.

4 쌀가루에 설탕을 넣고 고루 섞어요.

5 찜기에 시루밑을 깔고 무스링을 넣어요. 4의 쌀가루를 절반만 안치고 1의 유자차 건지를 넣어요.

6 남은 쌀가루를 안치고 윗면을 스크래퍼로 평평하게 정리한 다음 떡 도장을 살포시 찍어 모양을 내요. 김이 오른 물솥에 찜기를 올려 20분간 찌고, 5분간 뜸 들인 다음 무스링을 빼요.

파인애플케이크
Pineapple rice cake

떡 케이크는 전통 재료 외에도
웬만한 재료를 이용할 수 있어요.
베이커리 케이크에 젤라틴 코팅을 하는 것처럼,
무스를 만들어 올렸어요.
무스를 올리면 떡 케이크를 촉촉하게
오랫동안 보관할 수 있답니다.

원형 무스링 2호 **멥쌀가루** 7.5컵, **파인애플 슬라이스** 4쪽, **파인애플 통조림 국물** ½컵, **설탕** 7큰술, **치자가루** ½작은술
무스 **파인애플 통조림 국물** 1컵, **파인애플 슬라이스** 1쪽, **치자가루** ¼작은술, **한천가루** 1큰술, **설탕** 1큰술, **물엿** 1큰술

1 파인애플 통조림 국물 ½컵, 파인애플 슬라이스 2쪽을 믹서에 간 다음 치자가루 ½작은술을 넣고 고루 섞어요.

2 쌀가루에 1을 7큰술 넣고 고루 섞어요.

3 쌀가루는 체에 두 번 내린 다음 설탕 7큰술을 넣고 고루 섞어요.

4 파인애플 슬라이스 2쪽을 잘게 잘라 키친타월에 올려 수분을 제거해요.

5 찜기에 시루밑을 깔고 무스링을 넣어요. 쌀가루 절반을 안치고 4의 파인애플을 넣어요.

6 남은 쌀가루를 안치고 윗면을 스크래퍼로 평평하게 정리해요. 김이 오른 물솥에 찜기를 올려 20분간 찌고, 5분간 뜸 들인 다음 무스링을 빼요.

7 파인애플 통조림 국물 1컵에 치자가루 ¼작은술을 넣고 풀어준 다음 파인애플 슬라이스 1쪽과 함께 믹서에 갈아요.

8 냄비에 체를 받치고 7을 걸러요. 믹서에 갈아도 파인애플 과육이 남아 있어서 걸러주는 거예요.

9 8에 한천가루를 넣고 고루 섞은 다음 불려요.

10 냄비를 약불에 올려 한천가루를 녹여준 다음 설탕 1큰술을 넣고 고루 섞어요.

11 설탕이 다 녹으면 물엿을 넣고 저어요.

12 완성된 케이크에 무스 띠를 최대한 밀착해 둘러요. 최대한 밀착시켜야 무스가 흘러내리지 않아요.

13 11의 무스를 한 김 식혀 미지근할 때 떡 위에 조심스레 부어요.

녹차케이크

Green tea rice cake

원형 무스링 2호 멥쌀가루 7.5컵, 녹차가루 2큰술, 물 7큰술, 설탕 7큰술, 빙수용 통조림 **팥**(또는 팥배기) 5큰술
스텐실 멥쌀가루 ½컵, 물 ½큰술

녹차 특유의 담백하고 쌉싸래한 맛에 달콤한 팥을 더해
녹차를 좋아하지 않는 사람들도 호불호 없이 잘 드실 수 있을 거예요.

1 쌀가루에 녹차가루를 넣고 고루 섞어요.

2 쌀가루에 물을 넣고 고루 섞은 다음 체에 두 번 내려요.

3 쌀가루에 설탕을 넣고 고루 섞어요.

4 찜기에 시루밑을 깔고 무스링을 넣어요. 쌀가루를 절반 정도 안쳐요.

5 쌀가루 위에 팥을 고루 펴 넣어요.

6 남은 쌀가루를 안치고 윗면을 스크래퍼로 평평하게 정리해요. 쌀가루 ½컵에 물 ½큰술을 넣고 고루 섞은 다음 체에 한 번 내려 스텐실용 쌀가루를 준비해요.

7 케이크 위에 스텐실을 올리고 구멍 뚫린 글씨 부분에 쌀가루를 고루 넣어요.

8 스크래퍼로 윗면을 평평하게 정리해요.

9 스텐실을 제거하고 김이 오른 물솥에 찜기를 올려 20분간 찌고, 5분간 뜸 들인 다음 무스링을 빼요.

카푸치노케이크

Cappuccino rice cake

매화 무스링 2호 **멥쌀가루** 7.5컵, **물** 8큰술, **인스턴트커피** 2큰술, **설탕** 7큰술
카푸치노 필링 **카푸치노 플라린**(시판) 소복하게 3큰술(60g), **아몬드 슬라이스** 두 줌(½컵)
장식 **견과류** 적당량, **물** 2큰술, **설탕** 2큰술, **물엿** 1큰술

티라미수 부럽지 않은 그윽한 커피향이 나는 떡 케이크예요.
카푸치노 플라린에 아몬드를 섞어 넣고 만들어 달콤하고 고소한 맛과 살짝살짝 씹히는 아몬드 식감이 좋아요.
요즘은 전통적인 재료로만 떡을 만들지 않고 초콜릿, 커피 등 베이킹 못지않게 다양한 재료를 이용해요.

1 물 8큰술에 인스턴트커피를 넣고 녹여요. 미지근한 물이면 커피가 더 잘 녹아요.

2 쌀가루에 1의 커피물을 넣고 고루 섞어요.

3 쌀가루는 체에 두 번 내린 다음 설탕을 넣고 고루 섞어요.

4 카푸치노 플라린과 아몬드 슬라이스를 고루 섞어 카푸치노 필링을 만들어요.

5 찜기에 시루밑을 깔고 무스링을 넣어요. 3의 쌀가루 절반을 안치고 카푸치노 필링을 넣어요.

6 남은 쌀가루를 안치고 윗면을 스크래퍼로 평평하게 정리해요.

7 김이 오른 물솥에 찜기를 올려 20분간 찌고, 5분간 뜸 들인 다음 무스링을 빼요. 냄비에 물 2큰술, 설탕 2큰술, 물엿 1큰술을 넣고 끓이다가 설탕이 녹으면 견과류를 넣고 버무려 케이크 위에 장식해요.

TIP
· 커피엑기스를 1번 과정에서 넣으면 풍미가 더 좋아져요. 커피엑기스는 베이킹몰에서 구입할 수 있어요.

· 카푸치노 플라린은 베이킹몰에서 구입할 수 있지만 대용량으로만 팔아요. 소분해서 파는 헤이즐넛 플라린을 이용해도 되지만 카푸치노 플라린이 더 맛있어요.

검은깨케이크

Black sesame rice cake

모발과 피부 건강에 좋은 검은깨가루와 건강 식재료인
대추와 호두를 넣고 만든 그야말로
건강한 떡 케이크예요.
단정하면서 화사한 하얀색 장미꽃으로 장식했어요.
취향에 따라 색을 내는 가루를 섞어
꽃을 만들어서 장식해도 예뻐요.

1 쌀가루와 검은깨가루를 섞은 다음 물 7큰술을 넣고 고루 섞어요. 검은깨가루처럼 건조한 가루를 넣을 때는 수분 상태를 확인하고 부족하다 싶으면 물 1~2큰술을 더 넣어요.

2 쌀가루는 체에 두 번 내려요.

3 체에 내린 쌀가루에 잘게 썬 대추와 호두를 넣고 섞은 다음 설탕을 넣고 한 번 더 섞어요.

4 찜기에 시루밑을 깔고 무스링을 넣은 후 검은깨가루 ¼컵을 넣어 고루 펴줘요.

5 3의 쌀가루를 안치고 체를 이용해 검은깨가루 ¼컵을 곱게 뿌려요.

6 김이 오른 물솥에 찜기를 올려 20분간 찌고, 5분간 뜸 들인 다음 무스링을 빼요.

〈장미꽃 만들어 장식하기〉

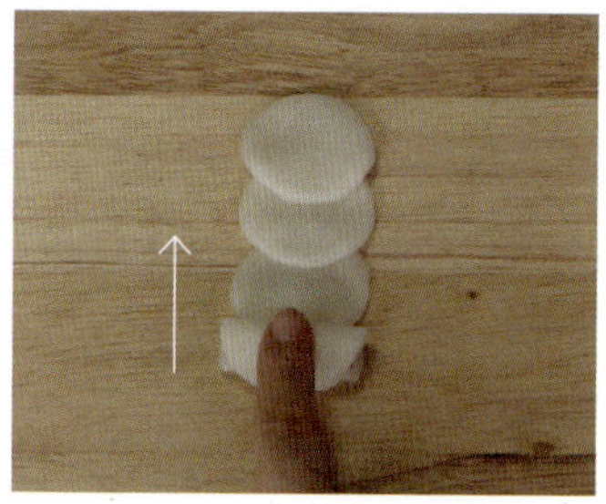

7 쌀가루 1컵에 물 2큰술을 넣고 반죽해 찜기에 넣고 20분간 쪄요. 쪄낸 떡반죽을 밀대로 얇게 밀고 동그란틀로 찍어 원형 반죽 5장을 만들어요.

8 원형 반죽 5장을 ½~⅓ 정도씩 겹쳐서 놓아요.

9 겹쳐놓은 반죽을 손가락을 이용해 말아 올려 한 덩어리가 되게 해요.

10 9의 반죽을 젓가락을 이용해 톱질하듯 절반으로 잘라요. 톱질하듯 젓가락이 왔다 갔다 해야 꽃 뒷부분이 예쁘게 잘려요.

11 꽃잎을 살짝 바깥쪽으로 벌려주면서 예쁘게 정리해요.

TIP 냉동실에 오랫동안 보관한 검은깨가루는 떡에 넣기 전에 찜기에 쪄서 사용하면 색도 진해지고 기름기가 제거되어 더욱 고소한 떡을 만들 수 있어요. 김이 오른 찜기에 젖은 면보를 깔고 5분 정도 찌세요.

초코케이크

Chocolate rice cake

코코아가루와 초코잼을 넣고
진한 초콜릿 맛이 나도록 만들었더니
한입 먹으면 기분이 좋아지는 것 같아요.
밸런타인데이나 크리스마스,
아이들 생일에 만들어 보세요.

원형 무스링 2호 **멥쌀가루** 7.5컵, **코코아가루** 2큰술, **물** 7~9큰술, **설탕** 7큰술
초코잼(시판 누텔라잼) 3큰술, **캐슈넛** 한 줌, **호두 분태** 한 줌
장식 **다크초콜릿** 100g, **생크림** 50g, **슈거파우더** 적당량, **코코아가루** 적당량

1 볼에 초코잼, 캐슈넛, 호두 분태를 넣고 고루 섞어요.

2 쌀가루에 코코아가루를 넣고 고루 비벼요.

3 쌀가루에 물 7큰술을 넣고 고루 섞어요. 코코아가루처럼 건조한 가루를 넣을 때는 수분 상태를 확인하고 부족하다 싶으면 물 1~2큰술을 더 넣어요. 쌀가루는 체에 두 번 내려요.

4 쌀가루에 설탕을 넣고 고루 섞어요.

5 찜기에 시루밑을 깔고 무스링을 넣어요. 쌀가루를 절반 정도 안친 다음 1을 넣고 고루 펴줘요.

6 남은 쌀가루를 안치고 윗면을 스크래퍼로 평평하게 정리해요. 김이 오른 물솥에 찜기를 올려 20분간 찌고, 5분간 뜸 들인 다음 무스링을 빼요.

7 다크초콜릿을 중탕으로 녹여요.

8 초콜릿이 다 녹으면 생크림을 조금씩 나눠 넣으며 고루 섞어 가나슈를 만들어요.

9 8의 가나슈는 스패튤러를 이용해 떡의 윗면과 옆면에 얇게 펴 발라요.

10 케이크 윗면에 슈거파우더(분당)를 얇게 뿌려요.

11 루돌프 모양의 스텐실을 올려요.

12 코코아가루를 뿌려요.

13 조심스럽게 스텐실을 들어 올려요.

TIP 스텐실은 베이킹몰에서 구입할 수 있어요.

오디케이크
Mulberry rice cake

오디는 뽕나무의 열매로 맛이 달콤하며,
노화 방지와 시력 개선 효과가 있어
블랙푸드 대명사로 떠오르고 있어요.
오디엑기스를 쌀가루와 섞어서 만들면
색이 참 곱고, 달콤해요.
친정엄마나 시어머니 생신에 선물하면
너무 좋아하실 거예요.

매화 무스링 2호 **멥쌀가루** 7컵, **오디엑기스** 7큰술, **설탕** 7큰술
무스 **오디엑기스(또는 오디즙)** ½컵, **물** ½컵, **한천가루** 1큰술, **설탕** 1큰술, **물엿** 1큰술
장식용 꽃 **멥쌀가루** 1컵, **물** 2큰술

1 쌀가루에 오디엑기스 7큰술을 넣고 고루 섞어요.

2 쌀가루는 체에 두 번 내려요.

3 쌀가루에 설탕 7큰술을 넣고 고루 섞어요.

4 찜기에 시루밑을 깔고 무스링을 넣어요. 쌀가루를 안치고 윗면을 스크래퍼로 평평하게 정리해요.

5 김이 오른 물솥에 찜기를 올려 20분간 찌고, 5분간 뜸 들여요.

TIP 케이크 위에 절편 꽃을 장식할 때 사진처럼 마지팬을 이용해 고정하기도 하는데 이때 마지팬으로 너무 꽉 누르면 무스가 금이 가거나 케이크가 찌그러질 수도 있어요. 무스와 절편의 끈끈한 느낌 때문에 손으로 꽃을 올려도 떨어지지 않아요.

6 냄비에 물과 한천가루를 넣고 섞은 다음 불려요.

7 냄비를 약불에 올려 한천가루를 녹여준 다음 설탕을 넣고 고루 섞어요.

8 설탕이 녹으면 오디엑기스 ½컵을 넣고 고루 섞어요.

9 살짝 부르르 끓어오르면 물엿을 넣고 저어요.

10 9의 무스를 한 김 식혀 미지근할 때 떡 위에 조심스레 부어요. 뜨거운 무스를 떡에 부으면 떡에 스며들어요.

11 쌀가루 1컵에 물 2큰술을 넣고 반죽해 찜기에 넣고 20분간 쪄요. 쪄낸 떡반죽을 밀대로 얇게 밀고 크기가 다른 2개의 꽃 모양 고명틀로 찍어요.

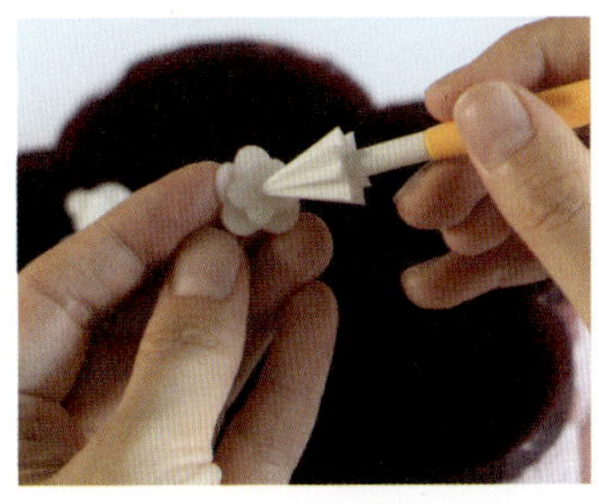

12 크기가 다른 꽃잎 두 개를 겹쳐놓고 마지팬으로 꽃의 가운데를 찍어주면 꽃 모양이 입체적으로 돼요.

13 케이크 위에 12의 꽃을 올려 장식해요. 무스와 절편의 끈끈한 느낌 때문에 꽃이 떨어지지 않아요.

딸기케이크

Strawberry rice cake

봄을 알리는 과일인 딸기는 상큼하고 맛도 좋지만
예뻐서 디저트류에 다양하게 이용하죠.
딸기를 넣어 빛깔 고와진 떡에
앙금으로 만든 꽃을 장식했어요.
앙금플라워에 자신이 없으면
생크림과 딸기로 장식해도 예뻐요.

원형 무스링 2호 **멥쌀가루** 7.5컵, **딸기퓌레** 8큰술, **설탕** 7큰술, **딸기잼** 약간
앙금플라워 **백앙금** 약 1.2㎏, **백년초가루** 1큰술(원하는 모양과 색상에 맞춰 천연색가루를 준비해요)

1 딸기는 깨끗이 씻어 믹서에 갈아 딸기퓌레를 만들어요.

2 쌀가루에 딸기퓌레를 넣고 고루 섞이도록 비벼요.

3 쌀가루를 체에 두 번 내려요.

4 쌀가루에 설탕을 넣고 고루 섞어요.

5 찜기에 시루밑을 깔고 무스링을 넣어요. 쌀가루를 절반 정도만 안치고 딸기잼을 넣어요.

6 남은 쌀가루를 안치고 윗면을 스크래퍼로 평평하게 정리해요. 김이 오른 물솥에 찜기를 올려 20분간 찌고, 5분간 뜸 들인 다음 무스링을 빼요.

〈앙금플라워로 장식하기〉

7 떡을 찌는 동안 앙금을 주걱으로 저어 부드럽게 만들어요. 핸드믹서를 이용해도 좋아요.

8 앙금을 덜어 백년초가루 1큰술을 넣고 섞어요. 백년초가루는 만들고자 하는 색에 따라 분량을 조절해요. 짤주머니에 104번 깍지를 끼우고 백년초가루를 섞은 앙금을 넣어요.

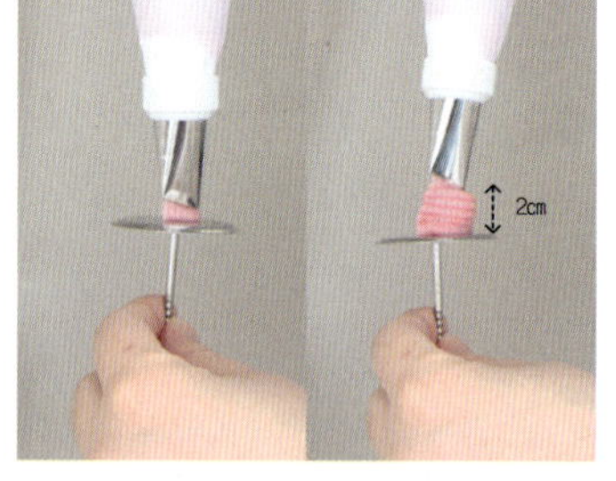

9 왼손으로 꽃받침을 들고 깍지 끝이 꽃받침과 수직이 되게 놓은 다음 앙금을 짜서 2㎝ 높이의 기둥을 만들어요.

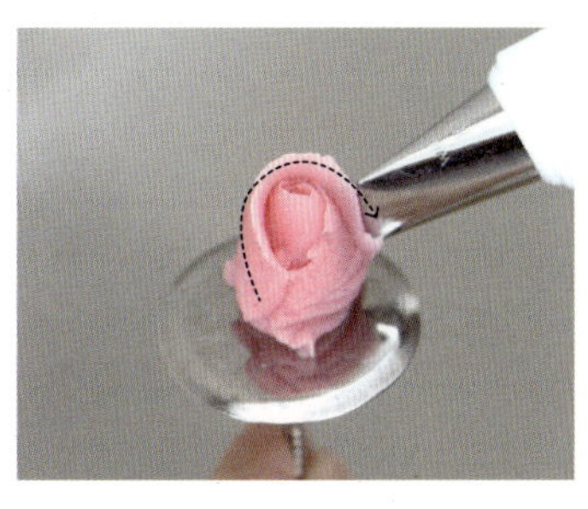

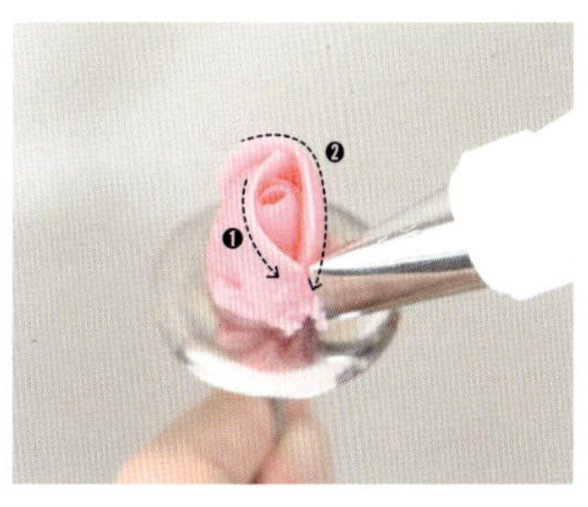

10 꽃받침을 한 바퀴 반 정도 돌리면서 앙금을 짜줘요. 이때 왼손으로 꽃받침만 돌리고 오른손은 움직이면 안 돼요. 깍지가 약간 안쪽을 향해야 기둥(꽃 심지)이 벌어지지 않아요.

11 꽃 심지가 끝난 지점에서 첫 번째 꽃잎을 짜줘요. 꽃 심지의 절반을 감싸는 느낌으로 꽃받침을 돌리면서 짤주머니를 든 손은 아래에서 위로 다시 아래로 살짝씩만 움직여요.

12 11과 같은 방법으로 반대쪽에도 꽃잎을 한 장 짜줘요.

13 11~12번의 꽃잎을 감싸듯이 사진처럼 꽃잎을 하나 더 짜줘요.

14 꽃받침을 돌리면서 짤주머니로 꽃잎을 짜는 것을 반복해서 꽃을 만들어요.

16 케이크 위에 꽃을 얹고 잎은 352번 깍지를 이용하여 직접 짜줘요. 이때 깍지를 세로로 세우고 지그시 짤주머니를 앞뒤로 흔들며 짜줘요.

TIP

352번 깍지   104번 깍지

Part 5

예뻐서 좋고
맛있어서 좋은
한식
디저트

오븐찹쌀파이
찹쌀브라우니 & 레몬청
애플찹쌀타르트 & 식혜
단호박찹쌀타르트 & 파인애플키위청
키위양갱 & 레몬배생강청
커피양갱 & 밤양갱 & 애플시나몬청
깨강정 & 유자생강청
잣강정 & 대추생강꿀차
곶감쌈 & 수정과
삼색다식 & 자몽파인애플청

오븐찹쌀파이는 오븐찰떡 또는 LA찹쌀떡이라고도 해요.
예전에 미국으로 이민 간 사람들이 쫄깃한 떡이 먹고 싶어서 찹쌀가루에
우유와 견과류를 넣고 빵처럼 만들어 먹었다고 해요.
베이킹 하듯 오븐에 구워 겉은 바삭하고 속은 쫄깃해서 누구나 좋아할 거예요.

오븐찹쌀파이

Chapssal pie

찹쌀가루 250g, **우유** 150g, **설탕** 50g, **달걀** 1개, **베이킹파우더** 2g, **식용유** 약간
내용물 완두배기 50g, **팥배기** 50g, **호두** 50g, **해바라기씨** 50g
※ 완두배기나 팥배기는 베이킹 재료를 파는 곳에서 구입할 수 있어요.

1 볼에 달걀을 풀고 설탕을 넣어 고루 섞어요.

2 우유를 넣어요.

3 2의 볼에 찹쌀가루와 베이킹 파우더를 체에 쳐서 내려요.

4 분량의 내용물 재료를 넣고 고루 섞어요. 견과류는 취향에 따라 다양하게 넣어도 좋아요.

5 타르트틀에 식용유를 고루 발라요.

6 타르트틀에 4의 반죽을 넣고 180도로 예열된 오븐에서 25~30분간 구워요. 꼬치로 찔러봤을 때 묻어 나오는 게 없으면 잘 익은 거예요.

찹쌀브라우니 & 레몬청

Chapssal brownie & Lemon cheong

진한 다크초콜릿이 매력인 브라우니에 밀가루 대신
찹쌀가루를 넣어 쫄깃쫄깃한 식감을 더했어요.
밸런타인데이에 남편이나 남자친구에게 선물하면
너무 좋아할 거예요.
레몬청은 여름에는 시원하게 레모네이드로,
쌀쌀할 때는 레몬차로 즐기세요.

찹쌀브라우니

미니 타르트틀 10개 **찹쌀가루** 250g, **다크초콜릿** 80g, **설탕** 80g, **달걀** 1개, **우유** 100㎖
포도씨유 15㎖+적당량, **베이킹파우더** 4g, **코코아가루** 20g, **견과류(아몬드, 캐슈넛 등)** 약간

1 다크초콜릿은 중탕으로 녹여요.

2 볼에 달걀, 설탕을 넣고 고루 섞어요.

3 설탕이 다 녹으면 포도씨유 15 ㎖, 1의 중탕한 초콜릿을 넣고 고루 섞어요.

4 3에 우유를 넣어요.

5 찹쌀가루와 베이킹파우더를 체에 쳐서 넣은 다음 코코아가 루를 체에 쳐서 넣어요.

6 타르트틀에 식용유를 고루 바 르고 5의 반죽을 넣어요.

7 반죽 위에 견과류(아몬드, 캐슈 넛 등)로 장식하고 180도로 예 열한 오븐에서 25~30분간 구워요.

레몬청

레몬 3개(레몬 꽁다리 부분과 씨를 제거하고 300g), **설탕** 300g

1 볼에 레몬이 잠길 정도의 물과 식초, 베이킹소다를 넣고 섞은 다음 레몬을 30분간 담가두었다가 깨끗이 씻어요. 레몬 표면에는 농약이나 왁스가 묻어 있으니 반드시 깨끗이 씻어야 해요.

2 레몬은 위아래 꽁다리 부분을 잘라내고 슬라이스해요.

3 과일용 포크를 이용해 쓴맛이 나는 씨를 제거해요.

4 손질한 레몬에 동량의 설탕을 넣고 고루 섞어요. 레몬과 설탕은 재료에서 제시한 300g이 아니더라도 동량으로 준비해요.

5 반나절 정도 랩을 씌워두고 설탕이 잘 녹도록 가끔씩 저어줘요.

6 설탕이 다 녹으면 열소독한 병에 넣어 냉장 보관하고 7~10일 후에 드세요.

애플찹쌀타르트&식혜

Apple tarte & Sikhye

새콤달콤한 사과와 크럼블을 올려 만든 타르트예요.
찹쌀가루로 반죽을 해서 베이커리에서 파는
타르트보다 더 쫄깃해요.
아이들은 물론 여자라면 누구나 좋아할 거예요.

식혜

멥쌀 2컵, **엿기름** 250g, **물** 3.5ℓ, **설탕** 1컵

1 찬물 3.5ℓ에 엿기름을 넣고 고루 풀어 30분~1시간 정도 불려요.

2 불린 엿기름을 손으로 박박 문질러 뽀얀 물이 나오면 고운체를 받쳐 엿기름을 걸러내요.

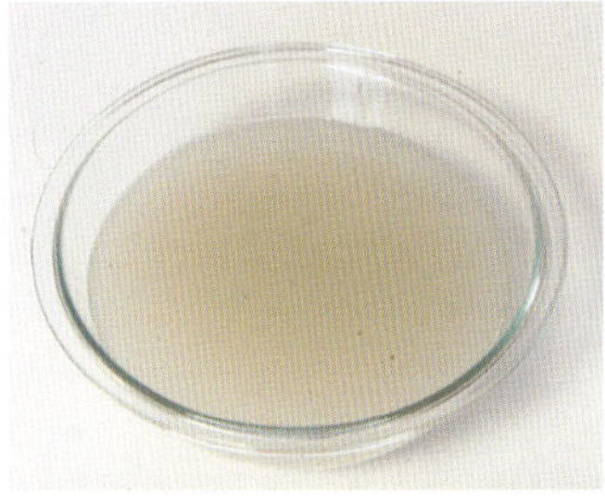

3 2의 물을 가만히 두어 앙금을 가라 앉혀요.

4 쌀은 깨끗이 씻어 꼬들꼬들한 고두밥을 지어요. 보온밥솥에 고두밥과 3에서 가라앉힌 엿기름물을 부어요.

5 밥과 엿기름물을 고루 섞은 다음 5~6시간 정도 보온 상태에서 삭혀요. 밥알을 비볐을 때 미끈거리지 않으면 알맞게 삭은 거예요.

6 밥솥에 밥알이 떠오르면 냄비에 옮겨 담고 설탕을 넣어 20분 정도 잔거품을 걷어가면서 끓여요. 설탕이 다 녹으면 불을 끄고 식혜 냉장 보관해요.

애플찹쌀타르트

미니 타르트틀(윗지름 7㎝) 7개

반죽 찹쌀가루 200g, **베이킹파우더** 1작은술, **식용유** 1큰술, **설탕** 1큰술, **우유** 40~50㎖

필링 사과 1개, **버터** 30g, **계핏가루** 1작은술, **황설탕** 1큰술

크럼블 버터 40g, **설탕** 20g, **멥쌀가루** 30g, **아몬드가루** 50g

식용유 약간

1 찹쌀가루와 베이킹파우더를 고루 섞어 체에 한 번 내려요.

2 식용유와 설탕을 고루 섞은 다음 1에 넣고 고루 섞어요.

3 우유를 넣고 되직하게 반죽해요.

4 반죽을 대략 40g씩 나누어 동그랗게 빚어요. 저울이 없으면 똑같이 7등분으로 나눠서 동그랗게 빚어요.

5 타르트틀에 식용유를 고루 발라요.

6 4의 반죽을 얇게 펴서 타르트틀에 밀착시킨 다음 포크로 공기구멍을 내요.

7 사과는 깨끗이 씻어 나박하게 썰어요.

8 냄비에 버터 30g을 넣어 녹인 다음 사과를 넣고 황설탕, 계핏가루를 넣고 조려 필링을 만들어요.

9 미리 상온에 꺼내두어 말랑해진 버터 40g에 설탕을 넣고 고루 섞어요.

10 쌀가루와 아몬드가루를 넣고 스크래퍼나 주걱으로 자르듯이 섞어 크럼블을 만들어요.

11 6의 반죽 위에 8의 사과 필링을 넣어요.

12 사과 필링 위에 10의 크럼블을 덮어요.

13 180도로 예열된 오븐에서 30분 정도 구워요.

단호박찹쌀타르트&파인애플키위청

Sweet pumpkin tarte & Pineapple kiwi cheong

단호박은 베이킹은 물론 떡을 만들 때도 요긴하게 사용하는 재료예요.
반죽에 단호박퓌레를 섞고 얇게 썬 단호박으로 장식해
달콤하면서도 보기도 좋은 타르트랍니다.
새콤달콤한 파인애플키위청으로 만든 음료를 곁들여 내면
유명 베이커리 카페 못지않은 훌륭한 디저트가 된답니다.

파인애플키위청

파인애플 150g, **키위** 150g, **설탕** 300g

1 파인애플은 껍질을 벗겨 슬라이스한 다음 잘게 썰어요.

2 키위는 껍질을 벗겨 슬라이스해요.

3 볼에 파인애플, 키위와 동량의 설탕을 넣고 섞은 다음 랩을 씌워요. 반나절 정도 랩을 씌워 두고 설탕이 잘 녹도록 가끔씩 저어줘요. 설탕이 다 녹으면 열소독한 병에 담아 냉장 보관하고 7~10일 후에 드세요.

TIP 파인애플키위청은 음료로 마셔도 좋지만 고기 요리할 때 설탕 대신 넣으면 고기가 연해져서 좋아요.

단호박찹쌀타르트

파이지 **찹쌀가루** 150g, **단호박가루** 2큰술, **베이킹파우더** 2g, **설탕** 15g, **식용유** 15㎖, **우유** 15～20㎖
필링 **찐 단호박**(단호박퓌레) 100g, **버터** 30g, **설탕** 50g, **달걀** 1개, **아몬드가루** 100g
단호박 약간, **글라사주** 약간

1 단호박은 찜기에 넣고 20분 정도 쪄서 속만 발라내요.

2 찹쌀가루, 단호박가루, 베이킹 파우더를 고루 섞은 다음 체에 한 번 내려요.

3 체에 내린 쌀가루에 설탕, 식 용유, 우유를 넣고 반죽해서 비닐에 넣어 30분 정도 냉장 숙성해요.

4 볼에 미리 상온에 꺼내두어 말 랑해진 버터 30g와 설탕 50g 을 넣고 고루 섞어요.

5 1의 단호박퓌레를 넣고 고루 섞어요.

6 달걀을 풀어 세 번에 나눠 넣고 섞어요. 달걀을 한꺼번에 넣으 면 분리될 가능성이 있어요.

7 아몬드가루를 넣고 고루 섞어
필링을 만들어요.

8 타르트틀에 식용유를 고루 바
르고 3의 숙성시킨 반죽을 얇
게 펴서 틀에 밀착시키고 포
크로 공기구멍을 내요.

9 파이지 위에 7의 단호박 필링
을 고루 채워요.

10 단호박을 필러로 얇게 썰어요.

11 얇게 썬 단호박을 필링 위에
장식하고, 180도로 예열된 오
븐에서 40분 정도 구워요.

12 구운 타르트 위에 글라사주를
고루 발라요. 글라사주는 베
이킹몰에서 구입할 수 있으
며, 윤기를 내고 타르트를 보
호하기 위해 바르는 거예요.

키위양갱 & 레몬배생강청

Kiwi yanggaeng
& Lemon pear ginger cheong

녹차를 넣어 양갱의 단맛을 조금 줄여주고,
키위를 넣어서 새콤함을 더해
맛의 밸런스를 맞췄더니 훨씬 맛있어요.
키위양갱은 과일을 넣었기 때문에
신선할 때 빨리 먹는 게 좋아요.
레몬과 생강으로 청을 만들면 아이들이 매워서
배를 함께 넣고 만들었더니
매운맛이 사라져 아이들도 좋아하네요.

키위양갱

녹차양갱 **물** 250㎖, **한천가루** 8g(1큰술), **설탕** 80g, **백앙금** 400g, **녹차물**(물 50㎖ + 녹차가루 1큰술), **물엿** 30g
우유양갱 **물** 50㎖, **우유** 250㎖, **한천가루** 8g(1큰술), **백앙금** 400g, **설탕** 80g, **물엿** 30g

〈녹차양갱 만들기〉

1 냄비에 물을 붓고 한천가루를 넣어 30분 이상 불려요.

2 약불에 냄비를 올려 한천가루가 녹을 때까지 끓여요. 한천가루가 녹으면 물이 걸쭉하고 투명해져요.

3 한천가루가 다 녹으면 설탕을 넣고 저어 녹여요.

4 앙금을 넣고 고루 섞어 풀어 줘요.

5 앙금이 다 풀어지면 녹차물을 넣고 거품기로 저어 고루 섞어요. 녹차가루를 넣으면 잘 풀리지 않고 알갱이가 돌아다녀서 녹차물을 넣는 거예요.

6 앙금이 끓어오르면 물엿을 넣고 고루 섞어요.

〈우유양갱 만들기〉

7 냄비에 물을 붓고 한천가루를
넣고 30분 이상 불려요.

8 냄비에 우유를 붓고 약불에
올려 한천가루가 녹을 때까지
끓여요.

9 한천가루가 다 녹으면 설탕을
넣고 저어 녹여요. 앙금을 넣
고 고루 섞어 풀어줘요.

10 앙금이 끓어오르면 물엿을 넣
고 고루 섞어요.

녹차양갱과 우유양갱은 거의 동시에 만들어야하고, 틀에 붓는 타이밍도 중요해요. 겨울철이나 손이 느린 경우 녹차양갱을 만들고 난 후에 우유양갱을 만들면 녹차양갱이 굳을 수도 있어요.

사각틀에 먼저 붓는 녹차양갱이 너무 굳은 후에 우유양갱을 부으면 두 개가 분리돼요. 그래서 녹차양갱이 굳기 전에 우유양갱을 부어야 하는데 그렇다고 또 너무 빨리 부으면 녹차랑 섞여 버려요. 녹차양갱이 약간 굳어 표면에 살짝 막이 생겼을 때 우유양갱을 살살 부어주는 게 좋아요. 이때 우유양갱을 녹차양갱 위쪽에 붓는 것보다 키위 위에 뿌려주면 좋아요. 그럼 우유양갱이 녹차양갱 위로 흘러내리듯 안쳐져 두 양갱이 섞일 위험을 막을 수도 있어요.

11 구름떡틀은 물로 헹궈 어느 정
도 물기를 남겨줘요. 틀에 수분
이 있어야 나중에 양갱이 잘 나
와요. 키위는 껍질을 벗겨요.

12 구름떡틀에 녹차양갱을 ⅓ 정
도만 부어요. 키위를 넣으면
높이가 올라가기 때문에 절반
이하로 넣어줘야 해요.

13 구름떡틀에 키위를 가지런히
넣어요.

14 녹차양갱의 표면이 살짝 굳으
면 우유양갱을 부어요. 양갱은
여름철에는 냉장고에서 2시간
정도 굳히고, 겨울철에는 베란
다에서 2~3시간 정도 굳혀요.

15 구름떡틀에서 양갱을 꺼내 먹
기 좋은 크기로 썰어요.

레몬배생강청

레몬 2개(씨를 제거하고 200g), **생강** 50g, **배** 50g, **설탕** 300g

1 볼에 레몬이 잠길 정도의 물과 식초 ½컵, 베이킹소다 2큰술을 넣어 섞은 후 레몬을 30분 정도 담가두었다가 깨끗이 씻어요.

2 생강과 배는 껍질을 벗기고 얇게 나박썰기해요.

3 레몬은 슬라이스한 다음 과일용 포크를 이용해 씨를 빼요. 씨를 제거하지 않으면 나중에 쓴맛이 나요.

4 볼에 손질한 레몬, 생강, 배와 동량의 설탕을 넣고 고루 섞어요.

5 볼에 랩을 씌우고 반나절 정도 설탕이 다 녹을 때까지 가끔씩 저어요.

6 설탕이 다 녹으면 열소독한 병에 담아 냉장 보관하고 7~10일 후에 드세요.

TIP 청을 만들 때는 손질한 재료와 설탕을 동량으로 준비해요. 레몬 2개의 양쪽 꽁다리 부분을 자르고, 씨를 빼면 대략 200g 정도인데, 레몬에 따라 차이가 있을 수 있어요. 손질한 레몬, 생강, 배의 전체 무게와 설탕을 동량으로 준비하세요.

커피양갱 & 밤양갱 & 애플시나몬청

Coffee yanggaeng & Chestnut yanggaeng & Apple cinnamon cheong

★

한창 양갱 만들기에 재미를 붙였을 때 고구마, 과일, 커피 등 여러 가지 재료를 시도해봤죠.
그중에서 제 입맛에 제일 잘 맞았던 게 커피양갱이었어요.
만들기도 쉽고 많이 먹어도 물리지 않아요.
밤양갱은 초콜릿 대신 만들어 밸런타인데이 때 남자친구나 남편에게 선물해보세요.
애플시나몬청은 햇사과가 나오는 초가을에 담가 따뜻하게 마셔도 좋고,
시원하게 마셔도 맛있어요.

커피양갱

양갱틀 2개 | **물** 300㎖, **한천가루** 8g(1큰술), **앙금** 400g, **설탕** 100g
인스턴트커피 2큰술, **호두** 한 줌, **물엿** 30g

1 냄비에 물과 한천가루를 넣고 30분 이상 불려요.

2 약불에서 한천가루가 녹을 때까지 끓여요. 한천가루가 녹으면 물이 걸쭉하고 투명해져요.

3 한천가루가 녹으면 설탕을 넣고 녹여요.

4 설탕이 녹으면 앙금을 넣고 고루 섞어요.

5 앙금이 다 풀어지면 인스턴트커피를 넣고 고루 섞어요.

6 커피와 앙금이 고루 섞이면 호두를 넣어요.

7 끓어오르면 물엿을 넣고 고루 섞어요.

8 양갱틀에 7을 붓고 굳혀요. 여름철에는 냉장고에서 2시간 정도, 겨울철에는 베란다에서 2~3시간 정도 굳혀요.

9 양갱은 먹기 좋은 크기로 썰어요.

밤양갱

양갱틀 2개 | **물** 300㎖, **한천가루** 8g(1큰술), **설탕** 100g, **팥앙금** 400g, **밤 통조림** 작은 것 1통, **물엿** 30g

1 냄비에 물과 한천가루를 넣고 30분 이상 불려요.

2 약불에서 한천가루가 녹을 때까지 끓인 다음 설탕을 넣고 녹여요. 한천가루가 녹으면 물이 걸쭉하고 투명해져요.

3 앙금을 넣고 고루 섞어요.

4 앙금이 끓어오르면 물엿을 넣고 고루 섞어요.

5 양갱틀은 물에 한 번 헹궈 어느 정도 물기를 남겨줘요. 밤은 잘게 썰거나 통으로 준비해요.

6 양갱틀에 4를 반 정도 붓고 밤을 고루 넣어요.

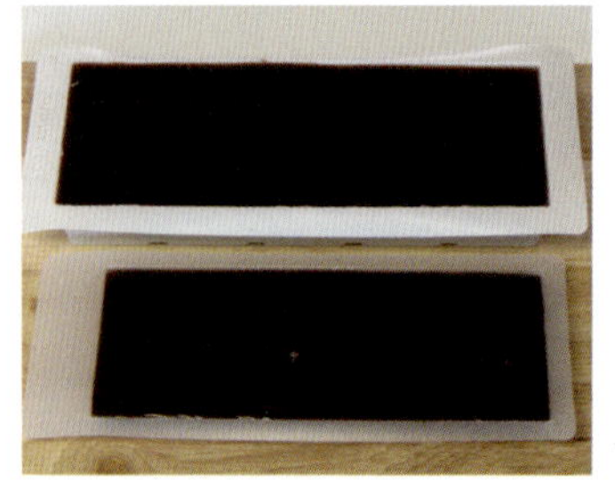

7 양갱틀에 4를 가득 채우고 여름철에는 냉장고에서 2시간 정도, 겨울철에는 베란다에서 2~3시간 정도 굳혀서 알맞은 크기로 썰어요.

TIP

양갱틀이 없으면 구름떡틀이나 사각형 밀폐용기를 이용하세요. 양갱틀 두 개면 구름떡틀 한 개 분량과 같아요.

애플시나몬청

손질한 사과 300g, **황설탕** 300g, **통계피** 15g

1 사과는 베이킹소다를 뿌려 깨끗이 씻어요.

2 통계피는 뜨거운 물에 살짝 데쳐서 물기를 빼요.

3 사과는 8등분 하여 씨를 제거하고 나박썰기해요.

4 손질한 사과의 무게와 동량의 설탕을 넣어요.

5 통계피(사과 무게의 5%)를 넣고 고루 섞어요.

6 반나절 정도 랩을 씌워두고 설탕이 잘 녹도록 가끔씩 저어줘요. 설탕이 다 녹으면 열소독한 병에 담아 냉장 보관하고 7~10일 후에 드세요.

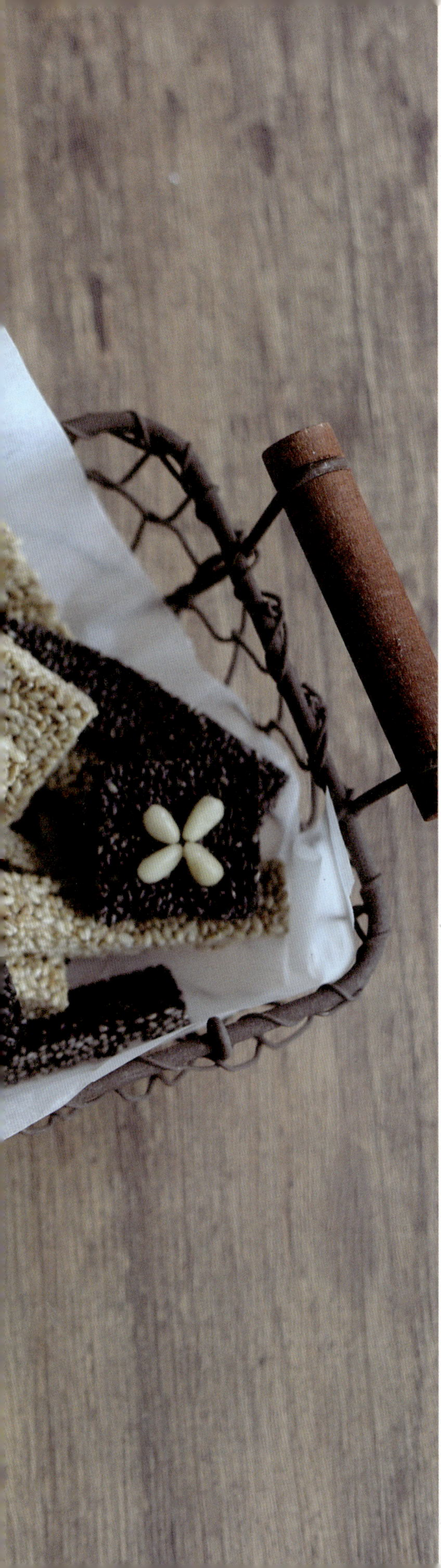

깨강정 &유자생강청

Sesame gangjeong
& Citron ginger cheong

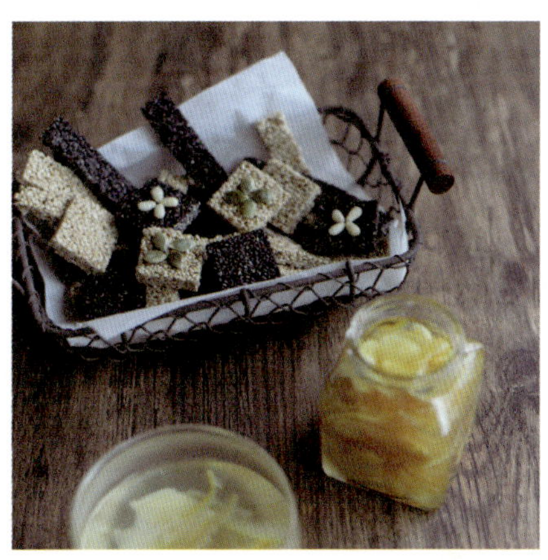

깨강정은 적당히 달면서 고소한 맛이 있어서
부모님 간식이나 어르신들께 선물로 드리면 좋아요.
유자생강차는 비타민 C가 많은 향긋한 유자와
면역력 향상에 좋은 알싸한 생강을 넣어 만들어서
겨울철 감기 예방에 좋은 차예요.
차게 해서 먹어도 맛있어요.

깨강정

강정틀 1판 **볶은 깨** 2컵, **견과류** 약간, **식용유** 약간
시럽 **설탕** 4큰술, **물엿** 4큰술, **물** 1큰술, **소금** 한 꼬집

1 팬에 분량의 시럽 재료를 넣고 설탕이 녹을 때까지 약불에서 끓여요. 이때 저으면 시럽이 딱딱하게 굳을 수도 있으니 절대 저어주면 안 돼요. 6에서 사용할 시럽을 조금만 덜어둬요.

2 설탕이 다 녹으면 팬에 볶은 깨를 넣고 깨에 시럽이 고루 묻도록 저어줘요.

3 약불에서 시럽이 끈끈해지면서 거미줄 같은 실이 생길 때까지(약 1~2분 정도) 버무려요.

4 강정틀 위에 떡비닐이나 랩을 깔아요. 떡비닐에 식용유를 살짝 바르면 강정이 붙지 않아요.

5 강정틀에 3을 쏟은 다음 밀대로 밀어요.

6 강정이 식기 전에 먹기 좋은 크기로 자르고 1의 시럽을 발라 견과류로 장식해요.

TIP
- 강정은 식은 다음 칼로 자르면 부서질 수 있고, 너무 뜨거우면 자를 때 강정이 늘어나 모양이 예쁘지 않아요. 밀대로 밀어놓은 강정은 따뜻할 때 칼로 톱질하듯이 썰어주세요.
- 여름철에는 위의 재료에서 설탕을 1큰술 정도 늘려야 강정이 바삭해요.

유자생강청

유자 5개, **생강** 100g, **설탕** 유자와 생강 무게와 동량으로 준비

1 유자는 베이킹소다나 굵은소
금으로 비벼 깨끗하게 씻어
물기를 제거해요.

2 유자는 반으로 잘라 과일용 포
크로 씨를 빼요.

3 유자는 과육과 껍질을 분리
해요.

4 유자 껍질은 곱게 채썰어요.

5 생강은 깨끗이 씻어 편으로 썰
어요.

6 볼에 손질한 유자, 생강과 동량
의 설탕을 넣고 고루 섞어요.
반나절 정도 랩을 씌워두고 설
탕이 잘 녹도록 가끔씩 저어줘
요. 설탕이 다 녹으면 열소독한
병에 담아 냉장 보관하고 7~10
일 후에 드세요.

잣강정 & 대추생강꿀차

Pine nut gangjeong
& Jujube ginger tea

잣은 보통 느끼하다고 생각하는데, 잣을 볶으면
느끼함보다는 고소함이 배가 돼요.
시럽을 만들 때 넣는 식초가
잣의 느끼함을 잡아준답니다.
잣을 강정으로 만들면 설탕시럽이 코팅되면서
바삭바삭하고 달콤해서
견과류를 싫어하는 아이들도 아주 잘 먹어요.
저는 만들어서 보관했다가
아침마다 딸아이한테 준답니다.

잣강정

20개 **잣** 1컵, **설탕** 2큰술, **물엿** 2큰술, **식초** ½작은술, **소금** 약간, **대추꽃** 약간

1 잣은 고깔을 떼어내고 면보나 키친타월로 깨끗이 닦아요.

2 팬에 설탕, 물엿, 식초, 소금을 넣고 설탕이 녹을 때까지 끓여 시럽을 만들어요.

3 마른 팬에 잣을 넣고 노릇노릇 해질 때까지 볶아요. 잣은 볶 아야 느끼함은 줄고 고소함은 배가 돼요.

4 3의 팬에 시럽 5큰술을 넣고 실이 보일 때까지 버무려요.

5 잣을 한 스푼씩 떼어 동그랗게 빚어요. 버무린 잣은 빨리 만 들지 않으면 굳어요. 만약 굳 었다면 볼에 담아 중탕으로 녹 여요.

6 대추는 돌려깎기해 밀대로 민 다음 고명틀로 찍어 대추꽃을 만들어 1의 시럽을 발라 장식해요.

TIP

강정을 만들 때 '실이 보인다'는 표현 을 쓰죠. 문방구에서 파는 물풀을 손 에 묻혀서 장난치다 보 면 거미줄처럼 생기 는 실이랑 비슷한 실이 생기는 것을 의미해요.

대추생강꿀차

대추 100g, **생강** 100g **설탕** 100g, **꿀** 50g

1 대추는 베이킹소다를 뿌려 주름 사이사이를 깨끗이 씻어요.

2 대추는 돌려깎기해서 씨를 발라내고 채썰어요.

3 생강은 껍질을 벗기고 채썰어요.

4 볼에 채썬 대추, 생강, 설탕을 넣고 설탕이 녹도록 저어요.

5 랩을 씌워 반나절 정도 두어요.

6 설탕이 다 녹으면 꿀을 넣고 섞어요. 뜨거운 물을 부어 마셔도 되지만 한 번 끓여서 마시면 대추 맛이 우러나 더 맛있어요.

곶감쌈 &수정과

Dried persimmon ssam
& Sujeonggwa

곶감 속에 호두를 넣어 호두의 단면이 보이도록 만든
한국 고유의 숙실과예요.
주로 설날 세찬이나 술안주로 많이 만들고,
디저트나 간식으로 아주 좋아요.
수정과는 달콤한 떡이나 디저트류와 함께 먹으면
특유의 알싸한 맛이 입안을 개운하게 해준답니다.
떡 이외에 피자 같은 기름진 음식을 먹을 때도
같이 드시면 느끼함을 덜어줘요.

곶감쌈

곶감 5개, **호두 반태** 10개

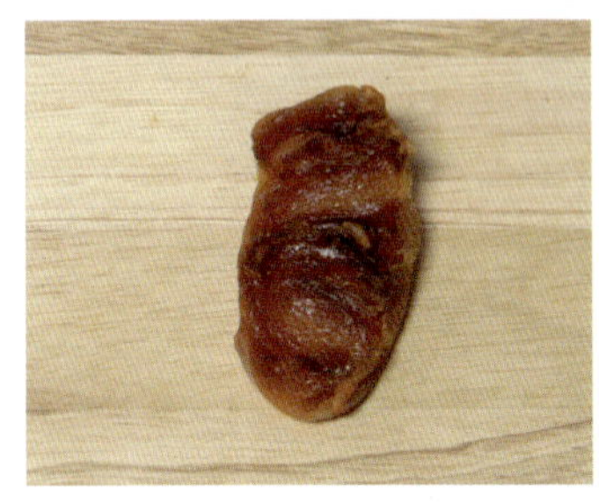

1 곶감은 꼭지를 따고 가위집을
내어 넓게 펴고 씨를 빼요.

2 곶감에 호두 반태 2개를 올리
고 김밥 말듯이 말아요.

3 호두 살 사이로 곶감이 들어가
도록 꾹꾹 눌러줘요.

4 3을 5㎜ 두께로 썰어요. 냉동
실에 넣어 단단해진 후 썰면
더욱 잘 썰려요.

TIP 곶감 4~5개를 나란히 겹쳐 놓고 그 위에 호두를 올려 김밥 말듯이
말아서 썰어도 된답니다.

수정과

생강 100g, **통계피** 100g, **물** 4ℓ, **대추** 5개, **황설탕** ½컵, **흑설탕** ½컵

1 생강은 껍질을 벗겨 깨끗이 씻고, 계피는 흐르는 물에 씻어 뜨거운 물을 샤워하듯 부어요.

2 생강은 얇게 저며요.

3 냄비에 물 2ℓ와 계피를 넣고 센불에서 끓이다가 끓어오르면 약불에서 30분 정도 끓여요.

4 냄비에 물 2ℓ, 생강, 대추를 넣어 센불에서 끓이다가 끓어오르면 약불에서 30분 정도 끓여요. 대추를 넣으면 생강의 아린 맛이 없어져요.

5 체에 면보를 깔고 3과 4를 각각 걸러요.

6 냄비에 5에서 거른 물을 모두 붓고 황설탕과 흑설탕을 넣어 부르르 끓어오를 때까지 끓여요.

삼색다식 & 자몽파인애플청

Three colors dasik
& Grapefruit pineapple cheong

다식은 예부터 조상들이 가루를 꿀과 함께 반죽해서
틀에 찍어낸 다과로, 차와 함께 내놓아
손님을 접대했던 음식이에요.
다식틀에 꾹꾹 눌러 만드는 게 재밌는지
딸아이도 좋아해 같이 만들곤 해요.
꿀을 넣어 달달한 검은깨고물을 묻힌
다식도 다섯 살짜리 딸아이가 잘 먹어요.

삼색다식

약 25개 | **검은색 다식** 검은깨고물 1컵(21쪽 참고), 꿀 4큰술
초록색 다식 청태콩가루 1컵, 꿀 5큰술 **노란색 다식** 노란콩가루 1컵, 꿀 4큰술
식용유 적당량

1 검은깨고물, 청태콩가루, 노
란콩가루, 꿀을 준비해요.

2 각각의 가루에 분량의 꿀을 넣
어 되직할 정도로 섞어요. 가
루마다 꿀 흡수량이 달라서 분
량이 달라요.

3 각각의 반죽을 표면이 반질반
질하도록 치대요.

4 다식틀에 기름을 고루 발라요.

5 3의 반죽을 밤알 크기로 떼어
다식판에 손으로 꾹꾹 눌러
찍어내요.

TIP

• 냉동실에 오래 있었던 검은깨가루는 김이 오른 찜기에 젖은 면보를 깔고 5분 정도 찌면 더 고소해져요.

• 송화가루, 녹말가루 등을 이용해도 좋아요. 각종 가루는 베이킹몰, 떡 재료 쇼핑몰에서 구입할 수 있고, 콩가
루는 마트에서도 살 수 있어요.

자몽파인애플청

자몽 250g(손질한 과육 무게), **파인애플** 250g, **설탕** 500g

1 자몽은 베이킹소다를 뿌려 깨
끗하게 씻어요.

2 자몽 껍질은 칼집을 넣어 벗겨요.

3 자몽 속껍질을 벗겨 알맹이만
분리해요.

4 파인애플은 껍질을 벗기고 슬
라이스해서 잘게 잘라요.

5 볼에 자몽, 파인애플 무게와 동
량의 설탕을 넣고 섞은 다음 반
나절 정도 랩을 씌워요. 가끔씩
저어 설탕을 녹여 준 다음 열소
독한 병에 담아 냉장 보관하고
7~10일 후에 드세요.

TIP **샐러드드레싱 만들기**

자몽파인애플청은 음료로 마시는 것도 좋지만 샐러드드레싱으로 이용해도 좋아요. 자몽파인애플청 그대로 이
용해도 되고 올리브유를 살짝 섞어도 좋아요.

바람떡, 송편, 단자 포장

떡은 공기 중에 노출되면 굳기 때문에 꼭 밀봉 포장을 해줘야 더 맛있게 오래 먹을 수 있어요. 절편, 바람떡, 쌈떡, 송편, 각종 단자 등은 낱개로 하나하나 포장하기 어렵기 때문에 베이킹컵이나 샌드위치 용기를 이용하면 좋아요.

찰떡과 설기 포장

구름떡과 같은 찰떡은 보통 큰 용기에 찌기 때문에 쪄낸 후에는 먹기 좋게 잘라서 낱개로 포장하는 것이 좋아요. 백설기, 콩설기, 무지개떡 등도 마찬가지로 한 번 먹을 분량씩 나눠 일명 빵봉투라 불리는 OPP봉투를 이용하거나 랩으로 싸주면 됩니다. 선물용이 아니라 집에서 두고 먹을 때도 낱개 포장해두세요. 포장해둔 떡은 냉동실에 넣어두었다가 자연 해동해서 드세요.

약식 포장

아침 식사 대용이나 아이들 간식으로 좋은 약식은 주먹밥 형태로 동그랗게 빚어 포장해요. 또는 화과자 케이스에 낱개로 담고 종이상자에 넣어 포장하면 선물하기 좋아요.

수제청 포장

수제청을 담은 병에 시중에서 판매하는 스티커를 붙이기만 해도 훨씬 예뻐져요. 보자기나 손수건을 이용해 포장할 수도 있고, 핸들박스에 담아 스티커나 리본으로 마무리해도 좋아요. 스티커와 핸들박스는 포장 관련 제품을 판매하는 곳에서 구입할 수 있어요.

강정 포장

강정은 현미강정처럼 낱개 포장할 수 있는 것은 랩이나 OPP봉투로 포장하고, 잣강정처럼 낱개 포장하기 어려운 것은 일회용 플라스틱 용기나 화과자 케이스에 담아서 포장해요.

종이상자 포장

어떤 종류의 떡이든 낱개 포장한 떡은 종이상자에 담아 예쁘게 리본으로 묶어주면 포장의 완성도가 확 올라가요.

떡 유형별 인덱스

메떡

INDEX

누가 해도 참 맛있는 떡 & 한식 디저트

참 쉬운
떡 만들기

발행일 | 초판 1쇄 2016년 6월 10일
초판 6쇄 2021년 5월 20일

지은이 | 장여진
발행인 | 이상언
제작총괄 | 이정아
편집장 | 손혜린
진행 | 윤은숙
디자인 | 정해진(www.onmypaper.com)

발행처 | 중앙일보에스(주)
주소 | (04513) 서울시 중구 서소문로 100(서소문동)
등록 | 2008년 1월 25일 제2014-000178호
문의 | jbooks@joongang.co.kr
홈페이지 | jbooks.joins.com
네이버 포스트 | post.naver.com/joongangbooks
인스타그램 | @j__books

ⓒ장여진, 2016

ISBN 978-89-278-0771-1 13590

중앙북스는 중앙일보에스(주)의 단행본 출판 브랜드입니다.